长江口水下三角洲沉积物记录的全新世东亚夏季风演变

张瑞虎 牛赟 著

蘭州大學出版社
LANZHOU UNIVERSITY PRESS

图书在版编目（C I P）数据

长江口水下三角洲沉积物记录的全新世东亚夏季风演变 / 张瑞虎，牛赟著. -- 兰州 : 兰州大学出版社，2018.11
ISBN 978-7-311-05494-6

Ⅰ. ①长… Ⅱ. ①张… ②牛… Ⅲ. ①夏季风－东亚－影响－长江口－沉积物－研究 Ⅳ. ①P737.12

中国版本图书馆CIP数据核字(2018)第264257号

策划编辑 陈红升
责任编辑 佟玉梅
封面设计 陈 文

书　　名 长江口水下三角洲沉积物记录的全新世东亚夏季风演变
作　　者 张瑞虎 牛赟 著
出版发行 兰州大学出版社 （地址:兰州市天水南路222号 730000）
电　　话 0931-8912613(总编办公室) 0931-8617156(营销中心)
0931-8914298(读者服务部)
网　　址 http://press.lzu.edu.cn
电子信箱 press@lzu.edu.cn
印　　刷 北京虎彩文化传播有限公司
开　　本 710 mm×1020 mm 1/16
印　　张 9.75
字　　数 179千
版　　次 2018年11月第1版
印　　次 2018年11月第1次印刷
书　　号 ISBN 978-7-311-05494-6
定　　价 32.00元

摘 要

季风是全球气候系统中重要的行星尺度系统，因其大幅度的季节和年际变动经常导致生活在其中的约占全球人口一半以上的国家遭受干旱洪、涝灾害而一直受到众多学者和政府组织的科学关注。在更长的时间尺度上，季风变动仍然是气候变迁的重要组成部分。因此深入研究季风活动的规律、影响、成因机制以及预测预报，对人类的生存与发展而言具有极其重要的现实意义。

全新世是地质历史上崭新的一页，是第四纪中最近一次冰川消融期，又称冰后期。在全新世非常短暂的地质历史上，冷暖干湿的气候波动变化对人类的生存和发展产生了深远的影响。

长江三角洲处于世界上典型的季风气候区，深受东亚季风的控制和影响，全新世以来气候和海平面变化以及由此引起的多种自然灾害对人类生存和发展影响巨大。长江口地处中纬度的海陆交互地带，是一个独特的沉积环境，对海陆变化的反映十分敏感，接纳来自陆地和海洋的沉积物，沉积速率较高，形成较厚的沉积层，沉积物中包含非常丰富的季风演化信息，是古环境研究的重要目标。但是由于受到科研经费、测试技术、海上作业相对困难、长钻孔相对匮乏、海区三角洲现有的测年数据大部分不甚理想等客观因素的制约，海区三角洲的研究程度远低于陆区三角洲，也造成了两者对比的困难；同时浅海区沉积环境复杂多变，海陆相互作用强烈，影响因素众多，地层不连续，环境演变的产物还存在多解性，要从众多古环境信息中提取季风演化的信息还存在相当大的难度。

位于长江口水下三角洲的HYZK5孔具有柱样长、沉积速率高、沉积相连续完整、与相邻的陆上三角洲钻孔可比性强等特点，其中连续的全新世地层沉积物，是研究长江口全新世以来东亚夏季风演变的良好地质体。本书旨在通过对HYZK5孔的样品分析，根据长江口沉积物的物源、沉积环境、岩性、粒度、磁化率、有孔虫丰度、地球化学元素、有机碳同位素等代用指标信息，从中寻找适宜的环境代用指标，探讨全新世东亚夏季风在长江口沉积物的地质记录，恢复和重建长江口全新世以来东亚夏季风的演变历史、受控因素，为预测未来环境可能发生的变化及对社会可持续发展、经济建设和国家规划的可能影响提供参考。

笔者通过综合研究，可得出以下几点结论和认识：

1. HYZK5孔C层Ⅰ、Ⅱ、Ⅲ三个亚层黏土平均含量由下向上依次减少，下部Ⅰ亚层黏土含量高于其上部的Ⅱ、Ⅲ两个亚层，*TOC*、*TN*含量相应值也最高。Ⅱ亚层黏土含量高于Ⅲ亚层，但*TOC*、*TN*含量却低于Ⅲ亚层。表明沉积物中有机碳氮含量的多少除与黏土含量有关外，可能还受有机碳氮的来源、分解速率和保存条件等因素的复杂影响。

2. 下部的Ⅰ亚层*Mz*、黏土、粉砂、砂曲线呈锯齿状大幅度波动；在Ⅰ亚层底部开始出现有孔虫，见有大贝壳和泥质结核、两个贝壳样测年结果出现倒置等现象，表明其沉积环境受到径流、波浪、潮汐、风暴潮等动荡的较强水动力作用，为受海侵影响的河口湾滨岸环境。

中部的Ⅱ亚层为岩性相对均一的黏土质粉砂，黏土和砂含量分别为三个亚层中的最大值和最小值，*Mz*、磁化率χ变幅很小，反映了其较为稳定的浅海沉积环境。Ⅱ亚层陆源*TOC*占总有机质的比例和*TOC/TTN*比值最小，说明此时有机质来源中来自水生藻类的贡献增加，而流域陆源有机质的贡献减小，这也是较为稳定的浅海沉积环境的反映。因为此时HYZK5孔与河口距离加大，水体较深，海面宽阔，陆源有机质被冲淡分散，浓度相对下降，因而流域陆源有机质的贡献最小。

上部的Ⅲ亚层磁化率χ和砂的含量在HYZK5孔三个亚层中最高，且*Mz*、砂、磁化率χ曲线呈锯齿状大幅度波动，反映了由于水下三角洲的进积形成了水动力较强的浅海环境。

3. 本书对HYZK5孔的孔深16.9～54.9 m段沉积环境最为稳定的均质泥进行了敏感粒级组分的分离提取，认为12.99～83.89 μm是对环境最为敏感的粒级组分。但敏感粒级组分与反映气候变化的代用指标$\delta^{13}C$、地球化学元素可比性较差。因此本书认为敏感粒级组分的平均粒径与东亚季风强度之间没有直接联系，敏感粒级组分并不能反映东亚季风的演化过程。

4. A－CN－K图解反映了HYZK5孔沉积物在化学风化之初的源岩具有相同的化学组成特征；Ti和Ti/Zr的均值，与长江沉积物非常接近，因此长江口HYZK5孔的沉积物可能主要来自于长江带来的泥沙。HYZK5孔沉积物元素R型因子分析结果表明，其元素来源和组成主要受源岩、粒度和海洋生物等因素的控制。根据R型聚类分析的距离远近关系，其元素可以分为三大类，与根据元素之间相关系数的分类结果完全吻合。

5. 地球化学元素和稳定同位素$\delta^{13}C$是两种良好的常用气候变化代用指标。在HYZK5孔中，地球化学元素和稳定同位素$\delta^{13}C$曲线呈现明显的反向变化趋势，正好相互补充相互佐证，反映了HYZK5孔气候演化的历史，而且$\delta^{13}C$的变化滞后于地球化学元素指标的变化；同时地球化学元素比稳定同位素更加敏感，波动幅度更大和变化频率更高。其主要原因在于无机地球化学元素与物理过程联系较多，稳定同位素与生物化学过程联系更为密切，而无机地球化学元素的化学风化过程比有机质的变化过程要迅速。

6. 长江口水下三角洲HYZK5孔沉积物记录揭示了全新世以来夏季风的演化过程经历了四个阶段：（1）全新世早期东亚夏季风开始逐渐增强，气温快速上升；（2）中全新世的早期和中期东亚夏季风最为强盛，气候暖湿并且较为稳定；（3）中全新世晚期东亚夏季风明显衰退，气候冷干；（4）全新世晚期，东亚夏季风相对增强，气候温湿。全新世早期和晚期气候很不稳定，变幅较大且比较频繁，而在全新世中期气候最为暖湿且比较稳定。另外在全新世气候演化过程中，至少在孔深51.6 m、45.4 m、39～41 m、38 m、17.3～22 m、13.5 m处存在6次明显的降温变干事件。

7. HYZK5孔全新世以来古气候环境的演变过程与中国东部地区的相似性，反映了长江口地区与同处于我国东部季风区的古气候演化有一定的可比性，但具有明显的区域特征。HYZK5孔早全新世气候的快速变暖趋势，其原因可能是太阳辐射变化对低纬度地区的直接驱动作用。全新世气候适宜期滞后于北半球夏季太阳辐射峰值出现的时间，其原因可能来自两个方面：一是在早全新世时，北半球冰盖对季风强度变化起主控作用，而在北半球冰盖消融后的中、晚全新世时，太阳辐射变化才起主导作用；二是海洋的缓冲作用。因此，由太阳辐射量变化所驱动的低纬地区海洋–大气–陆地之间气候耦合系统的变化是导致HYZK5孔全新世夏季风发生显著变化的主要原因，全球冰量变化的真正驱动因素还是太阳辐射，但全球冰量变化对全新世夏季风强度的变化具有贡献作用。

【关键词】东亚夏季风，全新世，古气候，沉积环境，长江口，水下三角洲，HYZK5孔。

目 录

第一章 绪论

全新世是地质历史上崭新的一页，是第四纪中最近一次冰川消融期，又称冰后期，其时段为11000 a BP—至今，对应于深海氧同位素MIS1期。在新仙女木事件（Younger Dryas Event，简称YD）之后，全球气候迅速变暖，最后冰期结束，进入全新世的间冰期环境。从千年以下的时间尺度来看，全新世环境仍存在显著的变化，其中气候的变化居于主导地位，其他环境要素的变化，诸如动植物的分布、海面、水文、地质和土壤过程等的调整，则受气候变化的间接控制。在全新世非常短暂的地质历史上，冷暖干湿的气候波动变化对人类的生存和发展产生了深远的影响（刘嘉麒等，2001），最典型的例证就是世界四大文明古国的兴盛于5000 a BP的气候冷干事件前后，除古中国外，古埃及、古印度、古巴比伦三大文明古国在持续了1000 a左右的繁荣后，于4000—3500 a BP全新世暖期结束之时走向衰落（张兰生等，2000）。有些学者甚至认为世界文明古国的出现与相伴于因变冷引起的变干气候相联系，而其衰亡则是更严重的干旱带来的结果（铃木秀夫，1988）；中国4000 a BP的降温事件导致了中原周围地区五大新石器文化的衰落和终结，但却加速和促进了中原地区以夏朝建立为标志的中华文明的诞生（吴文祥等，2001）；长江三角洲地区史前文明经历了前后相继的马家浜文化、崧泽文化、良渚文化和马桥文化四个阶段，古文明兴衰与古气候古环境演变的关系非常密切（陈中原等，1997）。

为了谋求自身更好的生存和发展，人类自始至终都在努力探索和寻求合理开发利用各种自然资源的方式和途径，提高认识和开发利用自然资源的能力，现在人类的各种活动已经成为导致全球环境变化最主要的因素之一。工业革命以来，特别是近半个世纪以来，在人口剧增、社会经济迅猛发展的全球化背景下，人类活动对自然环境的强烈影响已经达到足以导致整个自然系统发生变化的程度。人们已清楚地意识到，人类本身有意或无意的行为已有使地球环境趋向恶性发展以至于达到不可收拾的危险，如由于人类活动引起的温室气体大量增加所导致的全球气候变暖、臭氧层空洞、酸雨危害、荒漠化加剧等环境问题已经引起各国政府、学者和民众的广泛关注；与此同时，人类对自然环境的变化高度敏感，人类越来越关注自身的生存环境。环境的任何变化都可能对人类的生存与发展产生影响甚至构成威胁，人们比以往任何时期都更加迫切地希望深入了解不同时间尺度的环境演化规律，探究环境的自然演变规律与人类活动的相互作用机理。目前全球环境面临的形势十分严峻，全球环境变化已经成为一个十分迫切的研究课题。人类对赖以生存的环境高度关注，成为推动全球变化研究的一个巨大动力。

为此，20世纪80年代以来，以国际地圈－生物圈计划（IGBP，International Geosphere－Biosphere Programme）、全球变化人文计划（IHDP，International Human Dimension of Global Environmental Change Programme）、世界气候研究计划（WCRP，World Climate Reasearch Programme）等全球变化研究计划的组织实施为标志，全球变化研究进入了一个新的阶段。其中国际科学联合会理事会（ICSU）自1986年开始组织实施的以全球环境变化研究为核心的国际地圈－生物圈计划（IGBP），将过去全球变化（Past Global Changes）研究列为核心计划之一。该计划的目的在于通过对过去地球表面环境变化规律和机制的研究，弥补现代环境、气候变化观察记录的不足，获得对地球环境和气候变化规律和机制的理解，寻求与今天状况接近或相似的“历史相似形”，从而为预测未来环境和气候变化服务（安芷生等，2001）。

季风是全球气候系统中重要的行星尺度系统，因其大幅度的季节和年际变动经常导致生活在其中的约占全球人口一半以上的国家遭受干旱洪涝灾害而一直受到众多学者和政府组织的科学关注，在更长的时间尺度上，季风变动仍然是气候变迁的重要部分。在（世界气候研究计划WCRP）的最新计划（全球气候变率及其可预测性CLIVAR）中对于季风给予了空前的关注，在国际大气模式比较计划（AMIP）中设立了与季风有关的分析子计划多达五项。在中国，“攀登”项目和国家自然科学基金都设立了多项研究计划，旨在研究东亚季风之季节变化和年际变动的机理及其预测问题（丁一汇等，1997）。政府间气候变化工作委员会（IPCC，Inter-governmental Panel on Climate Change），主要对气候变化研究的进展进行评估，评价气候变化的科学价值以及气候变化的环境和社会经济影响，并提出响应战略，IPCC 每年度公布一份最新的研究成果报告。

深入研究全新世气候环境演化对人类生存和发展的影响具有非常重要的理论和现实意义，尤其是全新世高温期有可能为增温提供一个历史相似型，更被视为重要的古气候研究时段，对正确认识和处理当前面临的气候变化及其所带来的一系列环境问题，如气候变暖、海平面上升、洪涝干旱、沙漠化、土壤流失、海水入侵等，预测未来发展趋势，制定可持续发展战略有重要意义。全新世古气候和古环境的恢复与重建成为当前学术界关注的热点问题之一。在科学家的共同努力下，积累了大量的来自全球不同地区地球系统过去气候变化的地质记录，这些研究成果为我们认识和理解全球气候变化的规律和驱动机制，预测未来气候变化提供了重要依据。

1.1 全新世的气候不稳定现象和降温事件

“全新世”这一术语是由Gervais于1869年首次提出，并为1932年国际第二届第四纪会议批准使用。关于全新世的下限，各国标准不同，如澳大利亚定为15000 a BP，新西兰为14000 a BP，苏联10000 a BP（Нейштадтмн，1984）。1969年国际第四届第四纪大会上将其定为10000±250 a（^{14}C年龄）（Fairbridge，1984）。目前较普遍使用的为12000 a BP及10000 a BP两种（温孝胜等，1999）。温孝胜等（1999）分析认为，由于在11000—10000 a BP期间发生新仙女木YD事件，因而全新世的底界定在距今10000 a BP比较合适（此为^{14}C年龄，转换为日历年后为11500 a BP），早中全新世的分界约在8000 a BP，3000 a BP是环境激烈变化的时间，可作为晚全新世的开始时间。1946年，Post根据全新世各个时期的温度变化特征，将全新世分为三个阶段：第一阶段以日益温暖为特征；第二阶段气候最温暖；第三阶段气温下降。目前，国际上普遍采用根据北欧孢粉记录得到的布利特－色尔南德全新世气候分期，全新世划分为5个时期（刘嘉麒等，2001）。

表1-1 布利特-色尔南德全新世气候分期表(刘嘉麒等,2001)

北欧气候期	时段/a BP	气候特点(北欧)
前北方期(Preboreal)	10300—9500	气候干燥凉爽
北方期(Boreal)	9500—7500	冬季较冷,夏季较暖
大西洋期(Atlantic)	7500—5000	温暖潮湿,平均气温比现在高2℃,又称高温期
亚北方期(Subboreal)	5000—2500	气候干凉而多变化,冬季寒冷,夏季温暖
亚大西洋期(Sub-Atlantic)	2500—0	凉爽潮湿

对于全新世气候变化特征，最初一般认为是暖湿而稳定的，因为格陵兰冰芯1500 m以上（全新世10000 a以来）的$\delta^{18}O$值的变化在长时间尺度上与末次冰期和间冰期不同，表现十分稳定，并且海洋深海沉积记录也显示同样的结果（Schulz et al，1998）。但是最近越来越多的高分辨率深海沉积、冰芯、树轮、珊瑚、黄土、洞穴沉积等地质记录、历史文献以及近代气候记录证据均表明全新世气候与末次冰期以来的气候一样也是不稳定的，具有明显的波动性和异常性，并且存在多次短期的气候突变事件（Feng et al，1994）。早在1973年，Denton和Karlĕn根据欧洲和北美山地冰川的进退历史，提出了全新世气候的不稳定性问题，并指出在千年尺度上这种不稳定性类似于末次冰期，然而当时他们的研究结果并没有引起广泛的关注（安芷生等，2001）。直到1995年O´Brien等对格陵兰萨米特峰（Summit）冰芯中的可溶杂质含量（海盐和陆源粉尘）进行化学分析后，认为格陵兰冰芯中的杂质含量增加，格陵兰地区风力加强，气温下降，得出在全新世期间存在610—0 a，3100—2400 a，6000—5000 a，8000—7800 a四次干冷气候波动，再次提出了全新世气候的不稳定性问题（O´Brien et al，1995），人们才彻底改变了过去对全新世气候异常稳定的看法，这也成为全新世研究的一个重要的里程碑，并且越来越多的证据表明全新世气候是不稳定的（Bond et al，1997）。比如，Bond等（1997，2001）在对北大西洋VM28014和M29-191两个深海沉积柱状样的多指标高分辨率研究发现，全新世存在9次类似于冰期中的冰筏事件（IRD），北大西洋周围冰川融水事件发生的频率为1470±500 a，与GISP2冰芯$\delta^{18}O$气温曲线功率谱分析结果一致，并指出这样的冰筏事件可能与太阳活动有关，全新世气候的不稳定性及波动可能是末次冰期不稳定性气候的延续（Campbell et al，1998）；Rong等（2007）通过深海有孔虫的研究认为，日本冲绳地区全新世期间存在7次变冷事件，约发生在1.7 cal ka BP，4.6～2.3 cal ka BP，6.2 cal ka BP，7.3 cal ka BP，8.2 cal ka BP，9.6 cal ka BP，10.6 cal ka BP；Mayewski等（2004）对全球约50个全新世气候记录进行综合研究后发现，全新世期间至少存在6次全球性的快速气候变化，即9.0—8.0 cal ka BP，6.0—5.0 cal ka BP，4.2—3.8 cal ka BP，3.5—2.5 cal ka BP，1.2—1.0 cal ka BP和0.6—0.15 cal ka BP，而且这些快速的气候变化大多表现为极地的变冷，伴随着赤道地区的干旱。

全新世气候的不稳定性和千年尺度的气候变化特征，国内学者在对黄土、泥炭、冰芯、湖泊沉积物等沉积物的研究中也有较多报道（刘嘉麒等，2000）。早在1992年，施雅风先生就根据中国的大量资料揭示出中国全新世气候变化经历了早全新世升温期、中全新世大暖期和晚全新世降温期三个阶段（施雅风等，1992），但当时没有引起国际上众多学者的重视。最近二十多年来，国内学者们对于全新世以来的气候变化给予了高度重视，并通过高分辨率的冰芯（姚檀栋，1992）、泥炭（于学峰等，2006）、湖泊沉积（Shen et al，2005）、孢粉（施雅风，1992）、海洋沉积物（Wang et al，1999）、石笋（Wang et al，2005）、考古（Chen et al，2008）和历史文献（竺可桢，1973）及近代气候记录等方面的研究，对于短时间尺度的快速气候突变事件有了较为清晰的认识。他们认为中国全新世的气候变化具有全球性特征，经历了三个大的发展阶段：早期为升温期；中期为全新世大暖期，气候温暖湿润，期间也包含了相当多的气候和环境波动；晚期在温暖／寒冷之间交替并出现小冰期（施雅风等，1992）。施雅风等（1992）依据孢粉、古土壤、古湖泊、冰芯、考古、海平面变化等将中国全新世大暖期定为8500—3000 a BP（主要参照温度变化最敏感的敦德冰芯记录，图1-1），并将该高温期分为四个阶段：8500—7300 a BP为温度不稳定，由暖变冷阶段，伴随着降水增加和植被带的北迁西移，新石器文化迅速发展；7200—6000 a BP为稳定温热气候，即大暖期的暖湿阶段（鼎盛阶段），其时华南温度比今高1 ℃，长江流域高2 ℃，华北、东北以及西北可能高3 ℃，百年尺度增暖相伴夏季风增强和冬季风的衰退；6000—5000 a BP为气候波动激烈、环境较差阶段；5000—3000 a BP为温度波动缓和气候。4000 a BP气候一度恶化，出现大洪水灾害，此后直到3000 a BP气候仍相当暖湿。

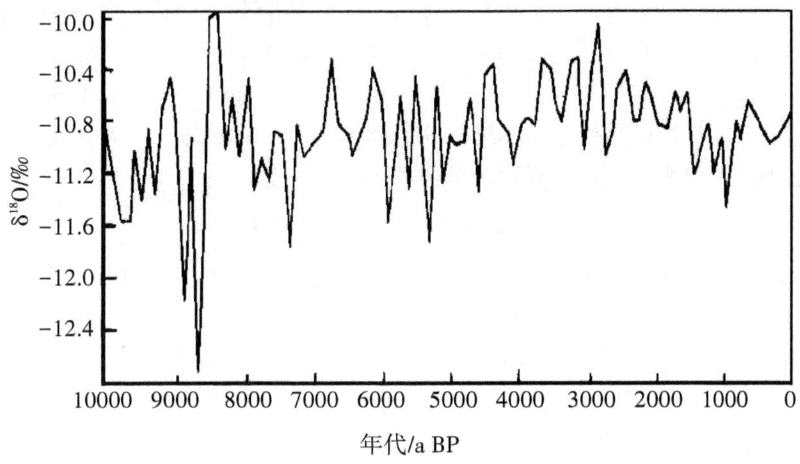

图1-1　祁连山敦德冰芯全新世以来的$\delta^{18}O$变动（施雅风等，1992）

竺可桢（1973）结合考古资料、物候资料、地方志资料、仪器观察等手段，初步恢复了近5000 a的中国东部温度变化曲线，将中国近5000 a以来的气候变迁划分为4个温暖期和4个寒冷期，通过比较发现中国气候变迁过程与世界其他地区是一致的，并认为这种变迁是具有全球性的。

综合国内外学者的研究，全新世以来的气候变化在千年时间尺度上可以分为早期的增暖、中期的全新世暖期和晚期的变冷三个阶段（图1-2）。

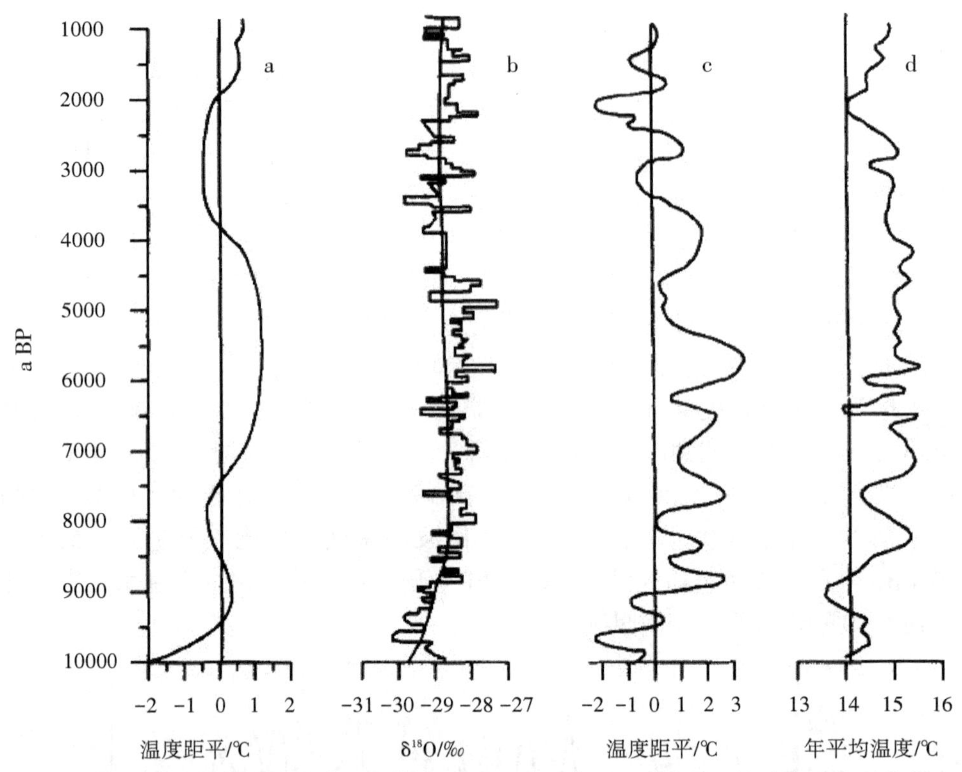

a. 全球年平均温度变化　b. 格陵兰冰芯 $\delta^{18}O$ 值　c. 西北欧7月平均温度（依据孢粉资料）d. 中国东部年平均温度（江苏建湖孢粉资料）

图1-2　全新世的温度变化（张丕远等，1996）

由图1-2可以看出，虽然不同的替代指标所反映的气候变化在不同地区存在差异，但表现出明显的共性：全新世气候是不稳定的，有多次剧烈的波动，早期普遍存在温度的快速升降现象，以迅速升温为主，但升温不是持续的，期间存在若干次降温事件；全新世中期比现代更为温暖，全新世大暖期一直被认为是间冰期的典型代表。但是越来越多的研究表明这一时段内存在着多次短期冷干事件，往往在短短的百年或数十年时间内气温下降幅度为3～4 ℃（Steig，1999）；与全新世中期相比，全新世晚期呈现变冷的趋势，期间存在多次气候波动，如中世纪暖期和近500 a以来的小冰期就是其中最为显著的气候事件（Pages，1995）。

全新世以来的降温事件中，“8200 a BP冷事件”是全新世最显著的气候事件，也是全球变化研究中的热点问题之一，从冰芯、深海沉积、湖泊沉积、石笋等各种气候记录证据的分布情况来看，这次冷事件的发生具有全球性特征（王杰等，2005）。

8200 a BP冷事件自1983年由Beget提出以来，一直被认为是YD事件以来最显著的降温事件，其在GISP2冰芯中持续了400年左右（8400—8000 a BP），最大降温达到8 ℃，其强度相当于Younger Dryas 事件的一半，并以一个快速的较现在温暖和潮湿的气候事件结束（Alley et al，1997）。目前已经在全球范围内找到8200 a BP冷事件存在的相关证据，古里雅冰芯（Wang Ninglian et al，1995）、北大西洋深海记录（Bond，1997）、格陵兰湖泊记录（Willemse et al，1999）、贵州董哥洞以及爱尔兰西南CC3石笋记录（谭嘉铭等，2004）都记录了这一事件。

全新世大暖期内的降温事件包括：7300—7200 a BP、6000—5900 a BP、5300—5200 a BP、4000 a BP等。这4次降温事件在敦德冰芯都有记录（施雅风等，1992）。其中，距今6000 a左右的降温比较显著，格陵兰冰芯$\delta^{18}O$（Stuiver et al，1995）、北大西洋浮冰碎屑记录（Bond et al，1997）以及红原泥炭（徐海等，2002）、贵州七星洞石笋（蔡演军等，2001）均记录到该降温事件。7300—7200 a BP、5300—5200 a BP、4000 a BP三次降温事件在国内外研究中也有报道（Sirocko et al，1993）。

虽然全新世气候的不稳定性和8200 a BP冷事件在全球都可以找到证据，但是这些事件在不同区域的气候表现确有明显不同，比如8200 a BP冷事件发生的时间以及干湿程度因区域不同存在明显的差异。即使这些气候突变事件具有全球性效应，但是否具有全球同时性还需要深入研究，全新世气候的不稳定性真实的成因机制尚处于进一步的探索之中（秦蕴珊等，2000）。

1.2 全新世东亚季风系统研究进展

1.2.1 亚洲季风系统的组成及其分区

季风是海陆间季风环流的简称，是由大尺度的海洋和陆地间热力差异形成的、以一年为周期随季节变化而方向相反的风系。夏季由海洋吹向大陆的风为夏季风；冬季由大陆吹向海洋的风为冬季风。一般夏季风由暖湿热带海洋气团或赤道海洋气团构成；冬季风则由干冷的极地大陆气团构成。季风区主要位于35°N～25°S，30°W～170°E之间，现代季风系统主要包括非洲季风、印度季风、东亚季风、澳洲季风等（图1-3），其中南亚和东亚是世界上最典型的季风气候区。季风的形成原因主要是由海陆间巨大的热力差异所引起的，气压带和风带的季节性移动也是形成季风的重要原因，高大的地形尤其是青藏高原对于东亚季风的形成和加强起着关键性的作用。

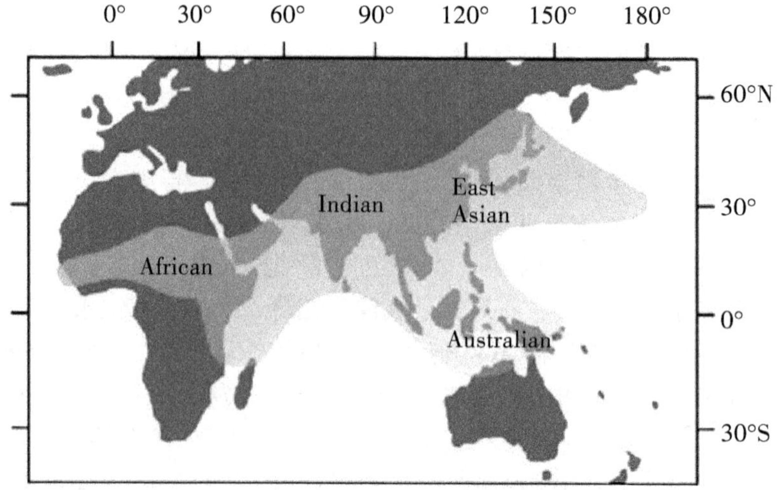

图1-3 现代全球季风系统的分布(Wang et al,2005,据Black,2002修改)

季风气候系统是地球上最有效的半球间水汽/潜热输送机制。亚洲季风系统是大气环流的一个重要组成部分，对全球大气运动能量和水汽的供应起着极其重要的作用（An et al，2000）。亚洲季风区雨热同季，有利于农作物的生长，养育着众多的人口，全球近60%居民的生产生活受亚洲季风气候的影响（洪冰等，2006），因此深入研究季风活动规律、影响、成因机制以及预测预报，对人类的生存与发展而言具有极其重要的理论和现实意义。

亚洲季风系统由高原季风、印度季风和东亚季风三个相对独立的子系统组成(Tao et al，1987)。高原季风是由青藏高原热力作用形成的一种独立的风系，在对流层中下层，冬季为冷高压，夏季为热低压，与此气压系统相适应，在高原周围有一冬夏盛行风向相反的季风层存在，该季风层与印度季风、东亚季风之间都有明显的气候分界线（汤懋苍等，1979）。但是印度季风与东亚季风势力范围的划分则比较复杂，因为两者有一个共同作用的区域——印度季风与东亚季风之间的过渡区，边界比较模糊，导致过渡区内的贵州董哥洞石笋$\delta^{18}O$时间序列反映的是印度季风还是东亚季风的历史难以区分，只能笼统地称为亚洲季风变化的历史(Yuan et al，2004)。

高由禧等（1962）根据1955—1958年期间的季风流场、气压场、湿度场和云雨等现象的季节变化资料，将中国划分为五个不同的季风气候区（图1-4）。尽管高由禧等（1962）明确而客观地指出，该季风区划仅利用4年的气象观测资料，“对锋面的位置做了初步确定”“还没有得出公认的结论”，但它实际上已成为研究东亚古季风的基础坐标，并在实际应用中还进行了两点简化：其一是忽略了所谓热带季风区的存在，忽略了在中国大陆南部及近海区域有一个印度季风与东亚季风相互交替、重叠影响的区域，它既不能简单化为东亚季风区，也不能简单化为印度季风区；其二是默认以东经105°经线作为印度季风区与东亚季风区的截然分界线，忽视了过渡地区的存在，这样中国大陆被分为三块，除了西北部的常年西风带外，就是东经105°线以西（40°E～105°E）的印度季风区和以东（105°E～160°E）的东亚季风区（洪冰等，2006）。洪冰等（2006）认为，这种默认的季风区划虽然简洁明了，但未能准确反映不同季风的影响范围，从根本上影响了亚洲古季风的对比研究，同时沿东经105°的季风分界线是否合适、中国南部东亚与印度季风交替重叠作用区域的北界（图1－4中的线④）是否应当往北移、过度区域的范围划分等问题需要进一步探讨。

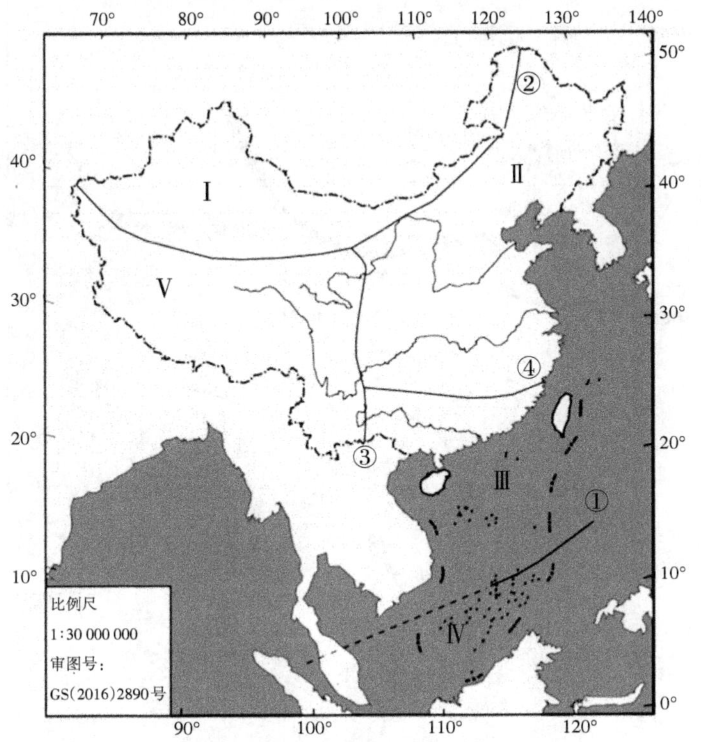

（Ⅰ）西风带区，区内没有明显的冬季风与源于热带海洋的季风的交替；（Ⅱ）副热带季风区，只受东亚季风和冬季风交替作用的影响；（Ⅲ）热带季风区，季风活动最明显的地区，一年中分别有东亚夏季风和印度夏季风的交替影响，以及与冬季风的交替影响；（Ⅳ）赤道季风区；（Ⅴ）高原季风区。线①指示冬季风影响的南界；线②指示东亚夏季风影响的北界；线③指示冬季风的西界；线④指示印度（西南）季风的北界。

图1-4 中国的季风气候区划（高由禧等，1962）

Maher（2008）根据 Wei 等（1993）测得的现代年降水量中氧同位素组成的平均值，绘制了中国大陆上东亚夏季风与印度夏季风的相对影响范围（图 1-5）。由图 1-5 可以看出，在东亚夏季风控制下的年降水量中氧同位素组成的平均值明显重于印度夏季风控制区，而且东亚夏季风区与印度夏季风区之间，存在一个由东亚夏季风和印度夏季风两者共同影响的范围广阔的北东－南西向过渡区域，过渡区域内降水量中氧同位素组成的平均值居中，是在两种夏季风带来的水汽的共同影响下的反映和结果，但是难以定量区分两者贡献的大小。贵州董哥洞正好位于这一过渡区域内，这正是学者们笼统地将董哥洞石笋δ¹⁸O时间序列反映的是亚洲季风变化历史的主要原因（Yuan et al，2004）。

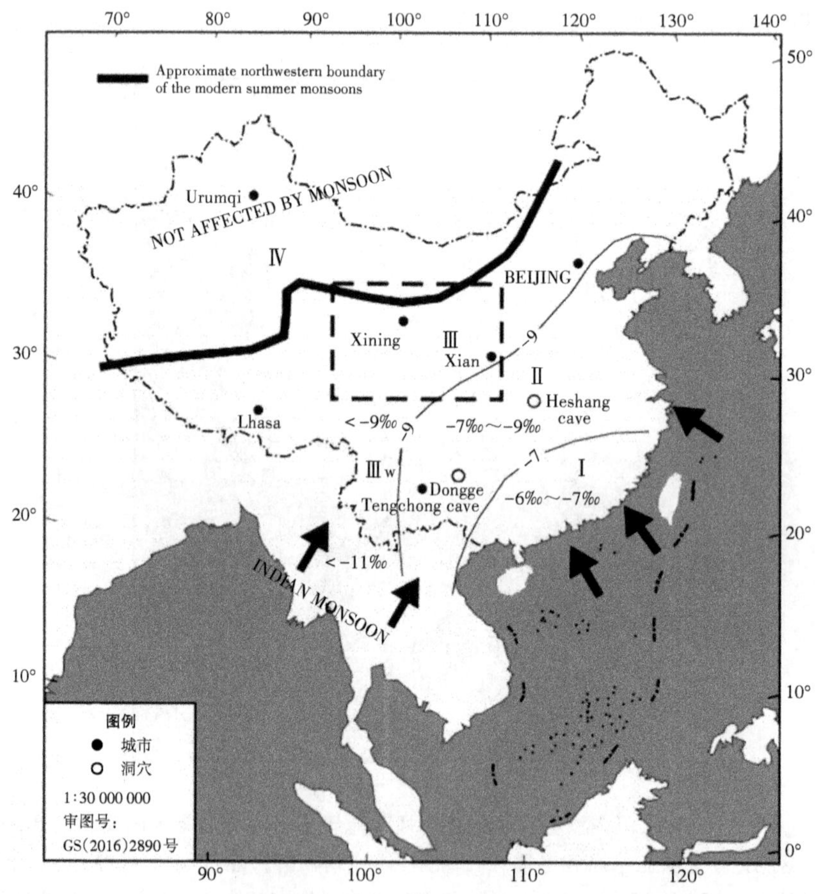

（Ⅰ）东亚夏季风控制区域；（Ⅱ）东亚夏季风与印度夏季风共同影响区域；（Ⅲ）印度夏季风控制区域；（Ⅳ）夏季风未影响区域。注：虚线方框里面表示的是黄土的分布范围。

图 1-5　东亚夏季风与印度夏季风的相对影响范围（Maher，2008）

1.2.2　亚洲季风系统与热带辐合带、副热带高压和ENSO之间的关系

亚洲季风的演化与热带辐合带（ITCZ）、副热带高压和ENSO之间存在着非常密切的关系，这些气候系统共同影响控制着西太平洋地区气候的变化以及一些极端气候事件的发生（Charles et al，1997）。

印度季风和东亚季风子系统都因响应于亚洲大陆季节性消长的高低压强度变化而有着密切联系（万世明，2006）。然而，由于海陆配置方式的不同，两者间又存在着显著差异。印度季风子系统海洋在南面，陆地在北面，受青藏高原的阻挡，夏季高纬度的冷空气不易侵入，低空季风的性质比较单一，所以印度季风单纯由热带季风和季风槽所组成；东亚季风子系统海洋在东面和南面，陆地在西面，由于并无地形阻挡，北方的环流系统及相连的冷空气可以直接影响热带和副热带的西南季风，因而在东亚地区存在由热带季风和副热带高压南侧东风组成的ITCZ和由副热带季风及北侧冷空气组成的副热带辐合带—梅雨锋两个辐合带，相应的也有两个雨带，即ITCZ雨带和中国大陆雨带（孔期，2006）。同时由于海陆位置的差异和季风内部的反馈作用，东亚夏季风更多地受海洋表面温度的影响，东亚夏季风强度最大出现的时间是在每年8～9月，比印度夏季风最大强度出现的时间6～7月中旬滞后（Maher，2008）。随着全球气候变暖，导致热带太平洋西部海水表面温度上升，ITCZ加强了海洋各个部分之间的作用，最终加强了东亚夏季风的强度。

根据大气科学家的研究，东亚季风环流是由许多因子组成的复杂系统。就东亚夏季风系统而言，其建立和维持主要决定于高空南亚高压和西太平洋副热带高压，它们的强度和位置变化，直接关系到热带气旋发生和移动路径，以及中国大陆上雨带位置和降雨强度；而东亚冬季风的建立和维持则主要取决于蒙古高压和西伯利亚高压，其强度和位置变化直接影响到寒潮的移动路径、风力的大小和影响范围。东亚冬夏季风演变应是上述高压系统在第四纪变化的结果（潘保田等，1996）。例如当热带对流活动减弱时，副热带高压偏南、偏西，西太平洋热带辐合带偏弱，位置偏南，热带气旋减少，造成水汽向低纬地区集中，中国南部持续降水而北部干旱（康志明等，2006）。

在现代印度季风和东亚季风相位问题上，Sun等（1999）研究了西太平洋副热带高压强度异常与热带环流特别是亚洲季风的关系：发现夏季副高增强时，赤道辐合带（ITCZ）偏强，东亚夏季风偏强，反之则弱；而印度季风则相应地偏弱或偏强，说明两者成反相变化。这一结论与Zhang（2001）的研究结果类似。Zhang（2001）认为北半球夏季由印度季风输送的水汽与东亚季风输送的水汽之

间具有反相变化的特征：当印度季风水汽输送偏强（偏弱）时，副高强度偏弱（偏强），由此导致副高西侧东亚上空向北的水汽输送减弱（增强），使得长江中下游降水偏少（偏多）。然而在古代印度季风和东亚季风相位问题上，则存在两种截然相反的观点。一种观点认为作为亚洲季风的两个组成部分的东亚季风和印度季风很可能是同步的，至少在冰期/间冰期或冰段/间冰段的尺度上是如此，并认为中国南部很难截然地划分出两大季风体系，而是受海陆热力差异驱动的统一的亚洲夏季风体系（程海等，2005）。而洪冰等（2006）则认为全新世东亚季风与印度季风之间存在反相变化关系，当全新世东亚季风突然增强时，印度季风突然减弱，它们与赤道太平洋出现长期类厄尔尼诺态以及北大西洋出现浮冰事件等现象，在尺度为千年及轨道的时间上是同时发生的。

近年来的研究表明，亚洲季风区的降水量变化与发生在赤道太平洋之中的厄尔尼诺－拉尼娜周期变化有着密切的联系。ENSO事件是指厄尔尼诺（El Niño）和南方涛动（Southern Oscillation）现象的合称，两者之间存在密切的内在联系，是全球海气相互作用的强烈信号。El Niño是指赤道东太平洋海面水温异常增高的现象；Southern Oscillation是指热带太平洋与热带印度洋之间气压变化呈反相关的振荡现象。当赤道太平洋海面气压偏低时，赤道印度洋海面气压偏高，南方涛动指数*SOI*为负值。当*SOI*为负值并达极低值时，赤道太平洋东部海面温度（*SST*）正距平异常明显，这就是通常所说的厄尔尼诺现象；反之，当*SOI*为正值并达极大值时，赤道太平洋海面气压高于赤道印度洋海面气压，赤道太平洋东部海面温度（*SST*）异常偏低，则称为拉尼娜现象（La Nina）。El Niño或La Nina现象都是ENSO事件。观测事实表明，ENSO事件不仅对秘鲁及其附近海域的渔业影响很大，而且可以触发波及全球2/3地区的重大气候灾害，对人类活动造成很大的影响，近年来已成为研究全球气候变化中的一个热点问题，有的学者认为古气候突然变化的触发器很可能存在于发生厄尔尼诺－拉尼娜周期变化的赤道太平洋区域之中（Broecker，2003）。

由于印度夏季风的水汽来源比较单一，研究基础较好，因而印度季风降水量与ENSO之间的关联首先取得重大进展。Shukla等（1983）在统计分析近百年中印度季风降雨变化与ENSO的关系时，发现在厄尔尼诺年印度季风倾向于减弱，而在拉尼娜年则倾向于增强。Mooley等（1987）的研究证实了这一结果，当出现ENSO年时，全印度的季风降水量多半明显偏少，所有的大旱年（降水量偏差比小于20%）都是ENSO年。印度季风降水量与ENSO事件良好的相关性对于预报ENSO的出现具有重要意义（Webster et al，1998）。但是中国各地年降水量与*SOI*以及东太平洋海水表层温度*SST*的相关性都很差，它们之间似乎没有什么关系

（江爱良，1995）。为什么印度季风降水量与ENSO事件的相关性很好，而中国各地季风降水量与ENSO事件相关性都很差呢？这是因为影响印度季风降水量的天气系统和其他因素比较单纯，而中国大陆的降水受东亚季风和印度季风共同影响，影响因素多且较复杂（江爱良，1995）。洪冰等（2006）分析认为，由于印度季风区夏季水汽来源较单一，而东亚季风区的水汽输送可以通过东亚副热带锋面降雨和西太平洋上的热带风暴等进行。因此，在一次厄尔尼诺事件从发展到衰落的整个过程中，印度季风的强度持续遭到压抑而东亚季风区的降雨却有可能通过事件发展年加强的南中国海季风、频繁的热带风暴，特别是事件衰减年加强的副热带锋面降雨来增强。

1.2.3　亚洲季风系统的驱动因子

在不同的时间尺度上，全球气候变化的特征、过程、变化的幅度、驱动力以及所要考虑的系统成分等均有很大差异。除了在地球演化的早期阶段，来自地球内部的热量和物质释放以及大陆板块运动等曾起过重要作用外，来自太阳的辐射在气候的漫长演化过程中始终起着重要作用（石广玉等，2006）。从冰芯、深海岩芯以及黄土沉积等古气候记录载体揭示的气候变化规律看，万年以上长尺度的周期主要由地外天体相互作用引发，而千年以下短时间的周期则应在地球系统内部寻找其驱动机制（高洪林等，2000）。

Wang等（2005）认为，在不同时间尺度上，季风变化受不同的机制所驱动（图1-6）。在轨道时间尺度（10^5～10^4）上，经典的米兰科维奇天文理论认为，季风的变化受外部条件地球轨道参数（偏心率、黄赤交角和岁差）变化驱动，这三个要素变化引起的到达北半球中高纬度夏季日射量变化是造成第四纪冰期-间冰期旋回的根本原因（Almogi-Labin et al，2000）。但有部分学者（田军等，2005）认为，全球冰量变化是决定第四纪时期全球大部分地区冰期－间冰期旋回的主导因素，尽管它本身变化是由太阳辐射变化所驱动的。

亚轨道时间尺度上（千年到年际间）：千年尺度季风变化，大多数人认为与温盐环流（秦蕴珊等，2000）、大气系统内部的冷循环（Bond et al，1993）、冰盖内部动力驱动下的冰山涌进（MacAyeal，1993）等有关，但也有些人认为可能受太阳辐射量变化的影响（Bond et al，2001）；百年、十年到年际间亚洲季风变化则与ENSO关系非常密切（Li and Mu，2000）。

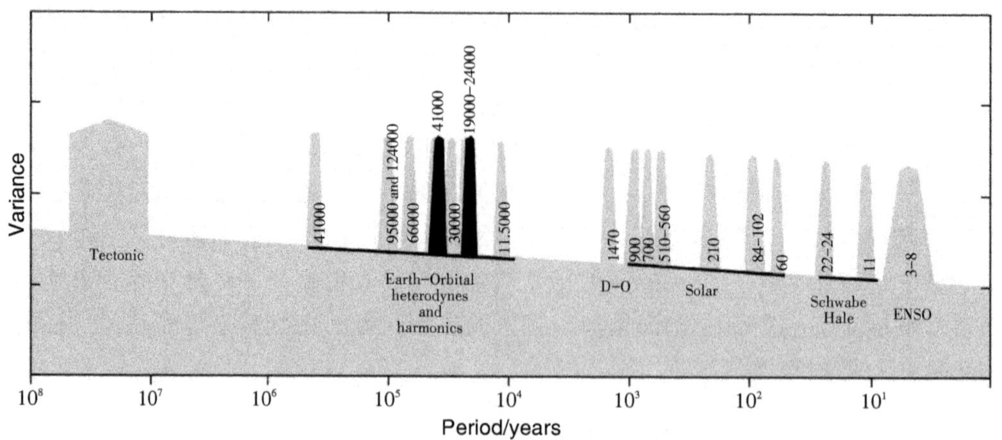

图1-6　从年际到构造时间尺度上季风变化的驱动因子图谱(Wang et al,2005)

1.2.4　中国全新世东亚季风研究现状

中国地处亚洲的东部、太平洋的西海岸，西部为世界上的“第三极”青藏高原，地势西高东低呈三级阶梯分布，特殊的地理位置和复杂多样的地形特点，使得中国大陆兼受东亚季风和南亚季风的影响，其中还存在一个两者共同影响的区域。中国东部既有强劲的冬季风，又有明显的夏季风，这个特点在全球范围内是少见的（丁仲礼等，1995）。

东亚季风变迁与第四纪时期中国的环境演化存在着密切的联系。近几十年来，中国学者在中国东中部全新世大暖期气候和环境基本特征，全新世东亚古季风时空变迁与环境演化以及东亚季风周期、可能的驱动机制等研究领域取得了巨大进展（施雅风等，1992），研究区域从内陆扩展到中国边缘海和西太平洋暖池，认为只有在全球变化框架之中研究东亚季风对全球气候系统各要素整体行为的响应，才能全面理解东亚季风气候变迁的规律和机制。已有全新世东亚季风及其气候的研究，大体包括两个方面（肖尚斌等，2007）：

（1）重造了不同地区全新世的季风气候与环境特点，并对其进行了阶段划分，分析了环境与季风演化之间的关系。通过中国中部黄土-古土壤序列的系统研究，认识到黄土的粉尘堆积和古土壤的形成与东亚季风的变迁休戚相关，认为东亚古季风变迁是控制东亚环境演化主要和直接的驱动力（An et al，1990），并提出了东亚环境季风控制的假说（安芷生等，1991）；Wang（1996）、赵希涛等（1991）研究认为中国东部全新世湖泊的演化与季风环流有关等。

（2）通过来自陆地高分辨率的气候代用指标冰芯、泥炭、树木年轮、孢粉、湖泊沉积物、石笋、黄土等和历史记载、考古、物候资料进行定量古气候研究，并与区域或全球性气候变化研究成果的分析对比，探讨东亚季风气候的不稳定性特征和变化规律，揭示东亚季风的变化周期，探讨其驱动机制。寻找全新世的这种短尺度的气候变化的驱动机制是深入了解气候系统演化的关键。目前的方法主要是通过功率谱、小波分析等手段得到代用指标序列的周期，然后与可能的周期进行对比（太阳活动周期，北大西洋准周期等），得到可能的驱动机制（李才林，2007）。刘晓宏等（2004）利用树轮重建了祁连山中部近千年的温度变化，认为树轮宽度序列表现出的冷暖特征与北半球温度变化存在较好的一致性，其变化是对全球气候变化的响应；洪业汤等（1997，1999）依据金川泥炭纤维素$\delta^{18}O$气候代用指标，分析了中国东部全新世5000 a BP以来的气候变化，揭示的气候变化周期与太阳辐射周期变化非常吻合；Wang等（1999）利用南海17940孔中有孔虫及其氧同位素和海洋沉积物中U_k^{37}来反推夏季风的演化，认为全新世夏季风变化的驱动机制可能是温盐环流的波动和太阳活动的变化；董进国等（2006）根据湖北神农架山宝洞石笋分析数据，建立了全新世东亚季风降水序列，其长期演化趋势与33°N夏季太阳辐射能量变化曲线基本一致，认为北半球夏季太阳辐射控制下赤道热带辐合带逐渐南移，导致亚洲季风降水持续减弱。功率谱分析表明，山宝洞石笋5000 a以来记录具有显著的550 a周期，与树轮$\delta^{14}C$（Stuiver et al，1995）和北大西洋温盐环流周期（Chapman et al，2000）基本一致。李明霞等（2007）利用神农架青天洞石笋分析了中全新世7000—6000 a东亚季风气候的高分辨率石笋记录，认为东亚季风敏感地响应于太阳活动变化，功率谱分析结果进一步证实了东亚季风受太阳活动直接驱动。吴锡浩等（1994）根据湖面、花粉和风成堆积等地质资料的分析记录，认为以东亚夏季风降水或有效湿度为标志的全新世气候适宜期盛期在中国东、中部具有明显的穿时性，与He等（2004）的研究一致，但与Zhou等（2007）的结论相悖。

综上所述，中国全新世东亚季风研究对象主要来自陆地上的冰芯、黄土、湖泊、泥炭、石笋等具有高分辨率古气候记录的沉积物；利用深海沉积物进行的季风研究主要反映的是长时间尺度的季风演化，这是因为深海洋沉积速率较低，其时间分辨率很低，一般不超过3000～5000 a（Beck，1997）。因而在深海沉积物中探寻全新世较短时段内季风演化显然是不太现实的；在河口三角洲、浅海沉积区，虽然沉积速率较高，自然环境对季风变化也很敏感，沉积物中包含的季风演化的信息非常丰富，但是由于浅海区沉积环境复杂多变，海陆相互作用强烈，影响因素众多，地层不连续，同时环境演变的产物还存在多解性，要从众多古环境信息中提取季风演化的信息还存在相当大的难度。在研究程度较高的陆上，由于研究区域的地理位置、环境背景、研究时段、代用指标的敏感程度、研究者的认知水平等方面的差异，对于中国全新世东亚季风的演变过程和趋势、季风与地理环境演变之间的关系、东亚季风的驱动因子和驱动机制等方面的认识还存在明显的不同。中国全新世季风演变的过程、影响因素、驱动机制等方面的研究道路任重而道远。

1.3 长江口古环境研究进展

在当前全球性环境问题中，气候变暖、海平面上升及其影响一直是人们关注的焦点之一，在国际地圈－生物圈计划（IGBP）中的全球海洋通量联合研究（JGOFS）以及海岸带陆海相互作用研究（LOICZ）等，都把大河三角洲区域海陆相互作用研究作为全球变化研究的重要领域（Lindeboom et al，2002）。

长江河口地处中纬度的海陆交互地带，是一个独特的沉积环境，对海陆变化的反映十分敏感，并忠实地记录在其地层序列中，是研究海面变化、环境演变、河口过程和比较沉积学的重要根据（吴立成等，1996）。同时，长江属于多沙性的大河，在河口地区堆积了大量细粒沉积物，沉积速率高，记录的环境变化信息丰富，为获取高分辨率的多种环境代用指标提供了可能。多年来学者们对长江河口地区第四纪古环境演变研究非常重视，成果丰富，研究内容涉及第四纪沉积地层层序、长江口和长江三角洲的发育模式、古气候古环境演化等方面（陈吉余，1988）。

长江河口段指镇江以下河段，长约300 km，该段古河谷地区是长江三角洲的主体。第四纪地层学研究结果表明，末次冰消期以来，海平面迅速上升，长江下切河谷开始充填，之后大致经历了3个阶段：海侵河床充填层序形成阶段、河口湾－海湾沉积阶段和三角洲发育阶段（李从先等，1999）。冰后期海平面上升和海侵过程中，下切河谷因溯源堆积而受到充填，被淹没而形成河口湾。从沉积地质学的角度来看，河口湾是三角洲发育的前身，三角洲是河口湾充填的结果，只有径流作用占优势的河控型河口湾才能转化成三角洲（Dalrymple et al，1992）。长江河口段古河谷冰后期沉积旋回，由海侵层序和海退层序构成，最大海侵面为海侵层序和海退层序的界面。最大海侵面位于前三角洲相和浅海-河口湾相之间的泥质层，时限约为7500 a BP（Li et al，2002），界面之下为海侵沉积序列，由完整的下切河谷充填序列组成，自下而上可能由河床相、河漫滩－河口湾相和浅海相（或潮成沙脊，或泥沙质沉积，或三角洲相沉积）组成；其上为海退沉积序列，在陆区三角洲发育有完整的进积型三角洲沉积，而在海区三角洲则形成滨海、浅海沉积，主要是形成于海平面上升停顿或沉积速率高于海平面上升速率之时。冰后期最大海侵以来，全球海平面总体处于稳定状态，长江三角洲的发育很大程度上受控于构造背景和泥沙通量。长江三角洲主体位于构造沉降带内，持续的构造沉降为三角洲的发育提供了充足的沉积空间，在长时间尺度上对三角洲的发育起着控制作用（虞志英，1988）。最大海侵之后，河口湾逐步转变为三角洲，而且相对稳定的海平面、充足的泥沙以及沉积空间使长江三角洲一直处于较高的建设状态。据李从先等（1998）研究，现今长江三角洲是在7500—7000 a BP随着海平面上升速率减小，河口沉积速率超过海平面上升速度开始发育的，先后经历了红桥期、黄桥期、金沙期、海门期、崇明期、长兴期六期河口沙坝发育阶段；长江三角洲古下切河谷区冰后期沉积划分为河流相、河口湾相、浅海相和三角洲相4种沉积相类型。

长江三角洲地区大量钻孔剖面表明，长江三角洲的南翼和北翼均存在基底硬土层，与上覆层呈突变接触关系；三角洲主体部分的底部具有冲刷面，侵蚀面埋深60～90 m，缺失硬土层，三角洲两翼的硬土层顶板和主体部分的底部侵蚀面构成统一的不整合面，它们均属冰后期海侵沉积旋回，可互相对比（李从先等，2000）。下切古河谷是15000—8000 a BP沉积物堆积的主要场所，沉积速率高达8～15 m /1000 a （Hori et al，2001），至8000 a BP，古河谷基本被填平，长江泥沙开始在河口更大范围内堆积，经历了河口湾-浅海、滨浅海、潮滩沉积环境演变过程（赵宝成等，2007）。在硬土层发育地区往往缺失末次冰消期和全新世早期沉积物，沉积物大多形成于距今8000 a（Stanley et al，1999）。

全新世以来长江古河口沉积速率的变化与全球气候、海平面以及长江泥沙沉积中心的变化有着密切的关系。全新世早期距今10000—8000 a期间长江口下切古河谷是长江泥沙的主要堆积中心，河口快速充填，沉积速率可在10～15 m/1000 a（Hori et al，2001），几乎与东海海平面的上升速率相同，长江高含沙量的沉积物被限制在下切河谷区域内沉积下来，河床快速抬高；然而8000—7000 a期间，随着河口被开放的海洋环境所替代，充填速度突然下降到最低值1.1～2.5 m/1000 a（Hori et al，2001）。下降的主要原因在于此时海侵达到最大，海水溢出长江古河谷，长江口地区已形成一个宽广的、基底平缓的河口湾，海洋作用强于河流作用，泥沙被大量扩散以及由于海平面上升导致最大沉积中心向陆地移动（Hori et al，2001）。另外，古气候研究表明，8000—7000 a BP期间全新世大暖期开始，推测气候转暖使长江流域植被覆盖率增加，从而使入海泥沙减少、变细，可能是导致该时期低沉积速率的又一因素。7000—4000 a BP期间由于江汉盆地的分流，河口沉积速率约为10000—8000 a BP期间的一半；河口地区4000—

2000 a BP期间沉积速率继续明显减小，距今2000年后，受人类活动的剧烈影响，长江河口及水下三角洲地区的堆积速率再次显著增高（王张华等，2007）。

在长江三角洲古气候古环境演化研究方面，主要成果来自沉积物孢粉记录。孟广兰等（1989）通过第四纪沉积物孢粉分析，揭示了长江河口及其周围区域晚第四纪时期的古植被和古气候演化，并依据气候地层学原则，划分了本区全新世与更新世地层的界线；张玉兰等（2004）根据崇明岛CY孔高分辨率孢粉研究，认为7000 a BP以来本区气候经历了7次波动：热暖潮湿、暖热湿润、温和略干、温暖湿润、温暖略湿、温而略干、温暖湿润。华棣（1990）通过对长江口沙坝地区的三个钻孔的岩性、岩相结构特征和微体古生物综合分析，将全新世地层分成四层，由下往上依次是：滨海相、河流相、河口湾-浅海相、河口相的环境演变过程，古气候则显示了从温凉干旱—湿暖略干—暖热湿润—温暖湿润四次波动发展过程，与Yi等（2003）根据CM孔揭示的环境演化过程基本一致。

长江三角洲包括陆区与海区三角洲两个组成部分，对认识长江三角洲的沉积演化过程具有同等重要的意义（王国庆等，2006）。由于受到科研经费、测试技术、海上作业相对困难、长钻孔相对匮乏、海区三角洲现有的测年数据大部分不甚理想等客观因素的制约，陆区三角洲的研究程度明显高于海区三角洲，也造成了海、陆三角洲对比的困难，因此今后需要在海区三角洲加大研究力度。同时，长江三角洲地区所含古地理和古环境信息既有构造尺度的陆海相互作用，也有轨道尺度的环境变化，以及小尺度气候及动力因素的波动，不同尺度环境因素的互相叠加，致使三角洲地区古地理和古环境信息错综复杂，三角洲地区众多的沉积间断造成沉积层缺失（李从先等，1996），这些因素给长江三角洲地区的古地理和古环境研究带来了一定困难（李从先等，1999）。

1.4 选题依据、研究内容和技术路线及拟解决的科学问题

1.4.1 选题依据

全新世气候波动是全球变化研究的重要内容。长江三角洲处于世界上典型的季风气候区，深受东亚季风的控制和影响，全新世以来气候和海平面变化以及由此引起的多种自然灾害对人类生存和发展影响巨大。上海市地处长江三角洲的前沿地带，经济文化发达，人口密度大，人类活动对自然的干预程度大，人地矛盾突出，环境问题日益严重，生态环境脆弱。为了促进和保持该地区的社会经济生态的可持续发展，迫切需要对未来的环境变化做出较为可靠的预测，以便在当前

的经济技术水平条件下，有针对性地合理安排好重大的生产工程建设项目，并采取有效措施，尽可能减少未来可能出现的灾害所造成的损失。而对未来气候、环境变化的科学预测，恢复和重建古气候古环境演变过程中出现的相似性，是实现这一目标的基础和前提。

河口是沉积物的捕集器，接纳来自陆地和海洋的沉积物，形成较厚的沉积层，所保存的古环境信息在海岸带是最多的，河口三角洲自然成为古环境研究的重要目标（李从先等，1999）。地处海陆过渡地带的长江河口地区，泥沙的沉积受到径流、波浪、潮流、盐淡水混合与湍流的影响，在流域与海域来水来沙的共同作用下，形成复杂多变的河口沉积环境。长江三角洲地区所含古地理和古环境信息既有构造尺度的陆海相互作用，也有轨道尺度的环境变化，以及小尺度气候及动力因素的波动。不同尺度环境因素的互相叠加，致使三角洲地区古地理和古环境信息错综复杂（李从先等，1999）。在沉积环境复杂多变、对环境演变敏感的河口三角洲地区，如何从中提取能够反映气候环境变化的代用指标，仍需要进行大量的研究工作。

长江属于多沙性的大河，在河口地区堆积了大量细粒沉积物，沉积速率高，记录的环境变化信息丰富，为获取高分辨率的多种环境代用指标提供了可能；同时长江河口地区丰富的第四纪古环境演变研究成果，为本研究提供了大量的基础数据和参考资料。我们可以依据中国东部地区全新世以来古气候古环境演化的研究成果所提供的大背景，来尝试性地分析和探讨长江口地区环境代用指标所揭示的古气候环境演化的过程和机制。

目前，在上海经济发展中最为突出的问题就是土地严重不足。因为土地资源紧张，上海未来一段时间只能在沿海和邻近海域地带开发，以缓解用地需求矛盾。但是在开发土地的过程中，为避免产生意想不到的地质灾害和人员伤亡、重大经济财产损失，必须事前进行工程地质和环境地质评价。对上海市而言，解决稀缺的土地资源问题的最佳选择就是围垦边滩，而围垦边滩需要有足够的优质沙源，同时还要维持原有航道、地质环境的安全。为此，在2008年上海地质调查与研究院对崇明岛东滩水深10 m浅海域范围进行了重点调查，钻取了16个钻孔。受时间和经费的限制，本书仅选取了具有代表性的HYZK5钻孔进行研究。以往的海域研究由于受经费、技术手段等方面的限制，以海底表层浅钻孔居多，且代用指标较少，长时间尺度钻孔的相互对比较为困难。本书研究的长江口北支外侧的HYZK5孔与其他钻孔相比，柱样长（近60 m）、沉积速率高、沉积相连续完整，与相邻的陆上三角洲柱样可比性强，为提取高分辨率的环境演化信息提供了可能。

本书旨在通过HYZK5孔的样品分析，根据长江口沉积物的物源、沉积环境、地球化学元素、有机碳同位素等代用指标信息，寻找适宜的环境代用指标，探讨全新世东亚夏季风在长江口沉积物的地质记录，恢复和重建长江流域全新世以来东亚夏季风的演变历史、受控因素，为预测未来环境可能发生的变化对社会可持续发展、经济建设和国家规划的可能影响提供参考。

1.4.2 研究内容和技术路线

东亚是世界上典型的季风气候区之一，东亚季风系统是联系南北半球物质和能量交换的枢纽，在全球大气热力和动力作用中扮演了重要角色，因而东亚季风的深入研究对于认识南北半球气候变化的耦合过程有重要的科学意义（王文远等，2000）。这个问题的深入探讨尚需要在东亚季风区去更多地寻求古气候变化的记录。为此，本文选取处于中低纬度海陆交汇处的长江口地区的HYZK5孔沉积物，来探讨全新世东亚季风的变化过程，分析气候变化的驱动机制。

本书的主要研究内容为：东亚夏季风的强弱变化引起输入长江口的径流量的变化，从而导致通过径流输入长江口的泥沙粒径、磁化率、陆源生物碎屑量的变化，引起沉积物中有机碳氮、稳定同位素以及相应的元素组成的变化。在长江河口地区钻取岩芯进行末次冰消期以来沉积环境演变的研究，通过^{14}C测年数据，建立高分辨率的年代－深度序列，并在此基础上综合运用地层学（岩性）特征、地球物理指标（粒度、磁化率）、地球化学指标（地化元素、总有机碳及其稳定同位素）以及微古指标（有孔虫）等来恢复和重建长江口全新世以来的气候环境变化过程，划分这一时期的特征时段和区分突发事件；对得到的代用指标序列进行分析，并将结果与其他地区进行对比，探讨环境演变与东亚季风之间的关系以及东亚季风演变的驱动机制。具体的研究技术路线如图1–7所示。

拟解决的关键问题有：

（1）采集合适的测年样品，根据地层岩性资料和测年结果，建立深度－时间对应序列；

（2）选取指示意义明确的多种环境代用指标，对实验结果进行分析对比并做出合理的推断与解释，以便恢复和重建长江河口的环境演变过程；

（3）根据长江河口地区的环境演变过程，讨论分析结果与前人研究成果的异同，找出合理的解释，在此基础上分析东亚季风与环境演变之间的相互关系，探讨东亚季风变化的控制因素及其机制。

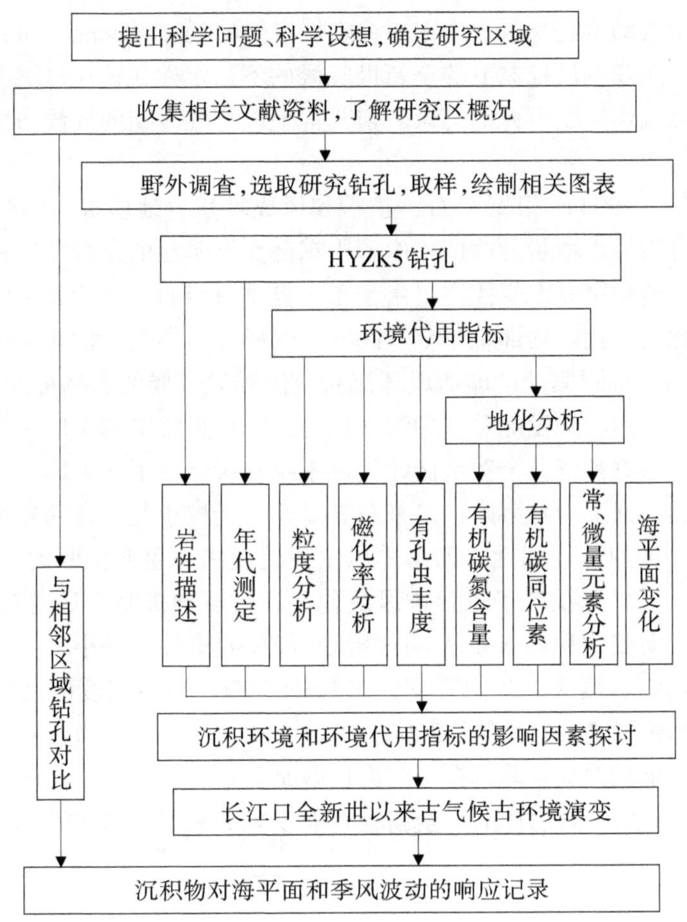

图1-7 研究技术路线

1.4.3 拟解决的科学问题

东亚季风变迁与中国东部地区环境演化关系密切。近年来在全新世东亚季风强度的环境代用指标、演化阶段、东亚季风气候的不稳定性特征和变化规律、变化周期和驱动机制研究方面，取得了重大进展。通过重建不同地区全新世的季风气候与环境特点的比较研究，对全新世季风气候演化阶段进行了划分，普遍认为可分为早全新世升温期、中全新世大暖期、隋唐温暖期与中世纪温暖期、小冰期和近现代升温期等。全新世气候的不稳定性和千年尺度的气候波动在中国古里雅冰芯（姚檀栋等，1997）、建湖庆丰剖面（赵希涛等，1991）、龙感湖地区湖积物（童国榜等，1997）等研究成果中有较多报道。这些研究成果表明全新世气候的不稳定性及波动可能是末次冰期不稳定性气候的延续（Bond et al，1997）。

问题一：东亚季风控制下的全新世气候的不稳定性在长江口沉积物记录中有无表现？有无气候突变事件的记录？与其他地区相同时期的气候演化有何共性和区别？

吴锡浩等（1994）根据湖面、花粉和风成堆积等地质资料的分析，发现全新世适宜期有效降水增量的峰值在中国中东部具有明显的穿时性，具有北早南晚的特点，认为这种穿时性规律主要由于东亚夏季风锋面位置随北半球夏季太阳辐射强度的变化而变化。据邵晓华等（2006）的研究，早全新世北半球低纬季风与极地气候受同一机制驱动，即西风环流对亚洲季风气候的影响可能占主导地位，受全球冰量的控制。陈发虎等（1999）认为，全新世时中国季风区的气候变化与低纬赤道的联系更紧密，全新世低纬气候系统直接响应了北半球太阳辐射。而郑洪波等（2008）则认为晚第四纪以来东亚夏季风受控于低纬区的夏季日射量的变化，呈现典型的岁差周期性，而冬季风主要受高纬冰盖变化驱动，呈冰期/间冰期旋回尺度波动，这反映了东亚季风演化的双重驱动机制。目前对大于10000 a尺度的轨道驱动变化和El Nino及南方涛动（ENSO事件）等小于10 a尺度的变化有了基本的认识。然而，我们对发生在10—10000 a时间尺度的气候旋回却未找到真实的解释机制（秦蕴珊等，2000）。

问题二：全新世东亚季风在中纬度地区是否具有等时性？长江口地区早中期东亚季风的变化周期是怎样的？全新世东亚季风的变化受哪些因素控制？其驱动机制是怎样的？

1.5 本书的创新点

（1）所研究的对象是长江口水下三角洲中的钻孔HYZK5沉积物。长江口是一个开放的沉积环境，虽然长江口的沉积物主要来源于长江上游的泥沙，但是这些泥沙在从上游向长江口搬运、沉积的过程中却受到来自海洋的亚热带夏季风以及河口地区多种复杂的沉积环境、水动力强烈作用，导致其沉积物中的地球化学元素的化学行为、有机质组成等发生很大的变化。因而长江口沉积物中的地球化学元素的表生行为变化可以反映研究区域夏季风的演化特征，其沉积物所记录的古气候古环境的变化反映的是整个流域古环境演变的平均状况，具有普遍意义，可以代表中国东部中纬度地区全新世以来古气候古环境演化的整体态势；而不像长江流域中某个局部地区的特定剖面反应的古气候古环境演化仅具有局部意义。因而本书的研究实际上具有面上的意义。

（2）弥补了长江三角洲地区末次冰消期向全新世过渡时期的地层缺失。HYZK5孔从末次冰消期至全新世的地层出露完整，为揭示长江三角洲全新世的古气候古环境演化提供了研究的可能性和基础材料，本书的研究成果可以为长江三角洲地区尤其是浅海区古气候古环境研究增加非常不可多得的资料。

（3）目前有关稳定同位素的研究成果主要集中在湖泊，而且其结论可能是截然相反的。而在沉积环境非常复杂的长江水下三角洲这样一个开放性的区域，用稳定同位素作为环境代用指标研究古气候古环境变化的研究成果相对较少。本书运用稳定同位素作为环境代用指标研究长江水下三角洲的古环境演化并做进一步探索性的尝试。

第二章　研究区概况

长江全长约6300 km，是中国第一大长河，世界第三长河，多年平均径流量为9.08×10^{11} m^3（1950—2003 a），多年平均输沙量为4.22×10^{8} t（1951—2003 a），泥沙主要来自上游地区与盆地北方的支流（Yang et al，2004），干流自西向东汇流，大致在30°N左右摆动，干流流经青海、西藏、云南、四川、重庆、湖北、湖南、江西、安徽、江苏、上海等地区，在崇明岛以东注入东海，流域总面积180万km^2。流域内地貌类型复杂，水系发育。长江流域内的山地、高原和丘陵约占84.7%，平原约占11.3%，其中长江中下游平原约占50%以上，河流、湖泊等水面约占4%。地形总趋势是西高东低，由河源至河口的总落差超过5400 m，形成三级巨大阶梯（赵济，1995）。在气候上除西藏高原地区属于高原气候外，其余均属亚热带季风气候，温和湿润，雨量丰沛，四季分明，年平均温度在6～20 ℃之间，多年平均降水量在1100 mm左右（沈焕庭等，2001）。长江干流宜昌以上为上游，宜昌至湖口为中游，湖口以下为下游。自安徽大通向下至水下三角洲前缘为长达700 km的河口区（沈焕庭等，2001）。

2.1　地质地貌

长江口位于长江三角洲前缘，濒临东海，在大地构造上位于江南古陆南缘，扬子准地台的东北部，第四纪以来地壳长期缓慢下沉，堆积了厚达300～350 m的第四纪沉积物（贾海林等，2004）。长江三角洲构造沉降带沉降率为1～2 mm/a，其西为山地丘陵，属于构造上升区，两者的过渡带大致在镇江、扬州一带。基岩埋深自西向东逐渐增大，镇江一带不足百米，河口地区则有350～400 m（李从先等，1999）。长江三角洲第四系上部海侵层和陆相层交互叠置，下部为陆相砂

砾与杂色黏土互层（闵秋宝等，1979）。第四纪地层学、沉积学和历史考古的综合研究表明，在末次冰期时，古长江自西北向东南途经上海东北地区，河口位于海拔-150～-160 m的东海陆架外缘。冰后期海侵，海水以较快速度逆长江河谷而上。全新世中期，长江河口退至镇江、扬州一带，海水上升速度减缓，海面渐趋稳定。此后，随着气候波动与人类活动不断增强，长江现代三角洲发育，并阶段性地向东南推进，形成了多期河口沙岛，相继成陆并岸；三角洲南翼相应地发育了上海西部数列贝壳沙堤及其东侧滨海平原多列沙带；崇明岛于16～17世纪由河口沙体涨接而成，横沙岛于1858年出露水面（华东师范大学等，2004）。历来长江口的南岸以边滩外涨的形式向前推展；北岸为通过夹江淤阻形成一系列和岸相连的沙洲或沙洲群，苏北嘴逐渐向东南方向伸展。这样，南岸的岸线外伸，北岸的沙岛并岸，使长江河口湾逐渐束窄。现今的长江河口又是一个多汊道河口，自徐六泾开始，先被崇明岛分为南支和北支，南支在浏河口附近被长兴岛、横沙岛分为南港和北港，南港在横沙岛附近又被九段沙分为南槽和北槽，从而形成三级分汊、四口入海的形势（沈焕庭等，2001，图2-1）。

长江三角洲境内除西、南部有十余座孤丘外，均为坦荡的平原，地势低平，周高中低成蝶形，水网稠密，湖荡众多，东部的碟缘高地是全新世中期以来形成的贝壳沙堤，崇明岛、长兴岛和横沙岛为长江河口沙岛。长江河口由悬浮泥沙沉积而成的主要地貌类型有：暗沙、拦门沙、水下三角洲和潮滩等（茅志昌等，2001）。

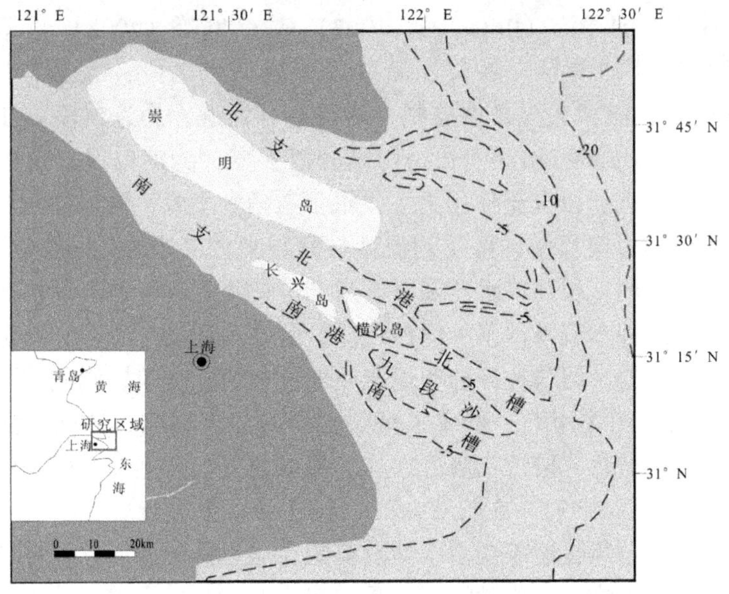

图2-1　长江口形势图

2.2 气象气候

长江口位于东海的西北部，是中国最大的河口。长江口属亚热带季风气候区，受盛行的东亚季风影响，夏季盛行西南风，从太平洋吹向该地区的暖湿气团带来了丰沛的雨量；冬季盛行偏北风，受冷暖空气的交替影响，春、秋季为过渡季节，天气变化较为复杂。总体来说，该区的气候表现出显著的海洋性特征，温和湿润、四季分明、雨量充沛，年平均气温约为16 ℃，多年平均最高气温为28 ℃（8月），多年平均最低气温为6.7 ℃（2月）（沈焕庭等，2001）；降雨量充沛，年际降水量变化较大，降水主要集中在4～9月份，夏季热带气旋及其伴随的暴雨和风暴潮时有侵袭（许世远，1997）。

2.3 长江口水文

河口是一个复杂的、动态的、具有丰富生物资源的、主要受自然作用力支配的生态系统（陆健健，2003）。河口的定义和河口区的分段至今还没有一个统一的看法（沈焕庭等，2003）。目前被国际上较多的学者所认可的河口定义为：河口是一个半封闭的海岸水体，它与外海自由相通，河口中的海水受到来自陆地径流的淡水某种程度的冲淡（Pritchard，1967）。沈焕庭等（2003）根据水动力条件及河槽演变特性的差异，将长江河口区分成三个区段：大通至江阴长400 km，河槽演变受径流和边界条件控制，多江心洲河型，为近口段；江阴至口门长约220 km，径流与潮流相互消长，河槽分汊多变，为河口段；自口门向外至30～50 m等深线附近，以潮流作用为主，水下三角洲发育，为口外海滨段。

长江口为海陆过渡环境，可受到流域与海域来水来沙的共同影响。受径流、潮流、风浪相互作用，长江口水流随时间双向地往复运动，在河底形成往复运动的波流边界层，这种水流条件下的泥沙运动，包括其起动、悬浮和挟运，均属非恒定泥沙运动的范畴。河口地区的非恒定输沙在径流、波浪、潮流、盐淡水混合与湍流等水流的共同作用下，形成了复杂多变的分汊型河口环境。河口经崇明岛、横沙岛和长兴岛、九段沙三级分汊后，形成北支、北港、北槽和南槽四口入海之势（周济福等，1999）。在长江口外，长江冲淡水、黄海沿岸流、苏北沿岸流、浙闽沿岸流、台湾暖流等众多水体及流系在这里共同作用，长江口水下三角洲沉积物的粒度、生物地球化学特征正是波浪、潮流与外海水系等水体以及不同地形间相互作用的产物（刘明，2009）。

2.3.1　径流、潮汐、波浪与悬沙

长江口是一个丰水、多沙、中等潮汐强度的分汊河口，年平均径流量2.93× 10^4 m^3/s，年入海径流总量9.24× 10^{11} m^3，入海泥沙4.86× 10^8 t，87%集中在洪季（陈吉余，2000）。据沈焕庭等（2001）的统计，在1953—2000年期间，长江口径流的年内分配有明显的季节性变化，其中5～10月为洪季，径流量占全年的71.3%，其中尤以7月的月平均流量最大；11月至翌年4月为枯季，径流量只占全年的28.7%，其中尤以1月的月平均流量最小（沈焕庭等，2001）。长江入海年径流量还存在丰、平、少水年变化，丰、平、少水年年内径流分配基本一致，变化不大（沈焕庭等，2003）。

长江河口为径流与潮流相互消长非常明显的多级分汊沙岛型中等潮汐河口（恽才兴，2004），口门附近中浚站测得的多年平均潮差为2.67 m，最大潮差4.62 m，平均潮差为2～4 m，属于中等强度的潮汐河口（孔亚珍等，2004）。长江口的潮汐为半日潮性质，即在一个太阴日内出现两次高潮和两次低潮。长江口内浅海地区为非正规浅海半日潮，在口外属于正规半日潮（胡方西等，2002）。潮流是长江口及其附近水域最主要、最基本的运动水流之一，据统计，长江的周期性潮流运动要比非周期性的余流运动强4～8倍（胡方西等，2002）。受地转偏向力的影响，在口门外潮流表现为旋转流，口门内受到地形约束多为往复流。由于径流作用，口门内的落潮流速一般大于涨潮流速，涨潮流上溯过程中受径流顶托及地形的阻碍使潮波变形，造成涨、落潮历时不一致，落潮历时大于涨潮历时（茅志昌等，2001）。

长江口波浪主要为风浪以及风浪和涌浪形成的混合浪。长江口波浪受风控制的特征较为明显，波浪对开敞的河口潮滩地貌短期演变起着重要作用（杨世伦，1991）。东海海域夏、秋季盛行东南风，暖流系统加强，沿岸流系统变弱，夏、秋季大浪以台风浪为主，作用时间较短，其他海况下波浪弱；冬、春季盛行西北风，沿岸流系统增强，暖流系统减弱并向南退缩，冬春季大浪以寒潮浪、气旋浪为主，作用时间较长，波浪能量强，冬季风暴引起的浪高超过6 m的海浪发生总次数是夏季的2～3倍（许富祥，1996）。长江口所处的东海区域是中国大海浪发生最频繁、最猛烈的区域，6 m以上海浪发生次数占中国近海的56%，东海波浪传播到河口区时，平均波长约24 m，平均波高1.2 m，平均波基面位于河口外约-10 m水深处，该波基面以上的波能对床底有着较强烈的侵蚀与堆积作用（许富祥，1996）。此外，由于台风、低气压、海啸等事件引起的风暴潮也时有发生（陈满荣等，2000），风暴潮能量巨大，在短时期内可以迅速改变潮滩地貌，形成

底部具有清晰的冲刷面、自下而上粒度变细的快速堆积——风暴潮沉积系列（许世远等，1989）。

长江以水沙丰沛著称，平均年径流总量为$9.24\times10^{11}m^3$，泥沙以悬移质和推移质两种形式运移，以悬移质为主，前者年平均输沙量为4.86×10^8 t，后者约为0.53×10^8 t（张志忠，1996）。每年从上游携带来的泥沙中有50%左右在长江口水下三角洲地区沉积下来，成为形成长江口拦门沙的主要成分（时钟，2000）。长江口来水来沙年内分配很不均匀，丰水期来水来沙均高于枯水期。1953—2000 a大通站各月平均输沙率统计结果表明，洪季（5～10月）来水量占全年的71%，而来沙量占年输沙总量的87.2%；枯季（11至翌年4月）的来水量占全年的29%，而输沙量仅占年输沙总量的12.8%，7月输沙量最大，占全年的21.9%，2月输沙量最小，仅占全年的0.6%（沈焕庭，2001）。此外，东海水动力也存在明显季节性变化，在长江来水来沙和东海水动力两者共同作用下，致使泥沙沉积结构具有明显的不同：夏、秋季（洪季）长江来水来沙较多，水动力较弱，沉积物大量堆积，层序较厚，粒度较小；而冬、春季（枯季）长江来水来沙相对减少，水动力较强，层序较薄，粒度较大。

2.3.2 长江口外流系

长江口外流系主要有台湾暖流、浙闽沿岸流和苏北沿岸流（图2-2），它们是东海流系的重要组成部分，同时对长江口的水文环境有着明显的影响。此外，长江巨量径流以冲淡水形式注入海洋，成为长江口外余流重要组成部分（胡方西等，2002）。在现代长江口水深12～14 m以浅范围内主要是长江冲淡水的影响，以深范围内则受到高盐沿岸流的影响（李从先等，1998）。

（1）台湾暖流

台湾暖流是黑潮的分支，浙闽沿海海流的主干，位于东海沿岸流的外侧，具有高温、高盐和低悬浮体的特性。其势力范围：冬季西部达122°～123°E之间，夏季北部末端可达长江口外，构成了终年控制东海外陆架强大的外海水系。因台湾暖流与浙闽沿岸流之间温、盐梯度十分明显，构成了极陡的锋面，对径流及沿岸流向东扩散有明显的阻挡作用，严重阻碍了其所携带的泥沙向外海扩散。

台湾暖流由台湾东北以高盐水舌的态势大致沿123°00′E流向浙闽沿海，北至长江口外折向东北。除冬季其表层可能受偏北风影响，流向偏南外，其余各层流速流向变化不大，流向几乎终年一致地沿等深线流向东北，近底层更为明显，但流轴、流幅和强度因受季风等影响而有明显季节性摆动。夏季时在偏南风作用下，海水离岸输送，流轴偏东，流幅较宽，强度较大；冬季在偏北风期间，海水趋岸输送，流轴偏西，流幅变狭，强度较小。夏季台湾暖流表层水的前缘可达长江口外31°00′N，深层水向北延伸更远，大致达到32°00′N。台湾暖流的流速一般为0.15～0.40 m/s，至长江口附近减小为0.10 m/s左右（胡方西等，2002）。

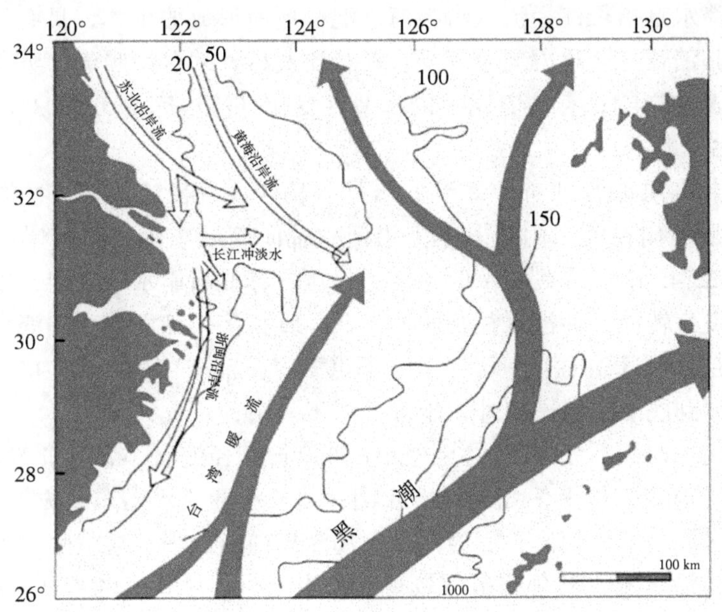

图2-2 长江口外流系（Chen et al，2000）

（2） 苏北沿岸流

苏北沿岸流是黄海沿岸流的一个组成部分。黄海沿岸流在绕过成山角后，大致沿40～50 m等深线南下，在32°～33°N附近转向东南流入东海，其前锋可达30°N附近，其流向终年偏南。在深度小于20 m的浅水层区域内，其突出特点是：温盐的变化范围较小，且水质均匀，几乎没有温盐跃层出现，是一支业已充分混合的沿岸水。由于苏北沿岸没有大量径流入海，在夏季其盐度值比长江冲淡水高得多。此外，苏北沿岸水有明显的季节变化，夏季较弱，其前端约在34°N附近，具有低盐、高温、高磷、水色黄、透明度小以及温盐分布比较均匀的特点；冬季，苏北沿岸水仍分布在长江口以北的苏北沿海，与夏季底层的情况相似，在强大的东北风作用下，这一低盐海水冬季仍自近岸区域呈舌状向东南外海扩展，可直抵长江口外与长江水汇合南下。

（3） 浙闽沿岸流

浙闽沿岸流为中国东南沿岸的主要流系之一，其流向随季节而变。冬季偏北风期间，它贴岸自长江河口外流向浙江沿海，夏季则在东南风的顶吹下，沿浙闽沿岸入海水北上（何起祥等，2006）。夏季长江径流强盛时期，除长江口至舟山群岛近岸地区流向偏南外，其主流转向东北，前锋可达济州岛附近。

（4）长江冲淡水

长江冲淡水是指长江径流入海与海水混合后所形成的水体，具有低盐、高悬浮体特征，其消长与运移方向由于受长江径流及口外的台湾暖流、苏北沿岸流以及季风等因素的影响，存在着明显的季节性变化（沈焕庭等，2003）。在一年中大致可分为3个时期：

①朝东北方向扩展时期。每年6～8月，长江入海径流骤增，冲淡水迅速向外扩展。扩展方向在河口附近基本上沿河口轴向直下东南，但离岸一定距离后（122°30′～122°45′E），受到台湾暖流水的挤压，苏北沿岸水的牵引，以及东南季风等的影响发生转向，冲淡水往往转向东北，直指济州岛而去。冲淡水的扩展主要局限于表层，浮于高盐的海水之上，厚度不大，一般在10 m左右。近岸冲淡水一直可扩展到底层，由岸向外，越来越浮于表层，以致尖灭。

②沿岸南下时期。每年10月至翌年4月，长江径流量小，苏北沿岸流增强，台湾暖流有些退缩，加上偏北季风的吹刮，使长江冲淡水向东北方向扩展终止，而与钱塘江水汇集于杭州湾，后经舟山群岛沿海向南而去，这就是东南沿岸流的北段——江浙沿岸流，其分布范围较夏季较为缩小，呈狭窄的带状分布于沿岸。在垂向上，冲淡水扩展范围的深度较之夏季要大些，与表底层相比，扩展范围相当，底层扩展范围比夏季稍大。

③过渡时期5月和9月分别为冲淡水由南下转向东北和由东北转向南下的过渡时期。

正是由于季风驱动的影响，长江口径流以及长江口外流系各组成部分的流量、流向、流幅和强度呈现明显季节性摆动。长江巨量的径流出口门后以冲淡水状态向外扩散，与由南向北的台湾暖流及位于海区东北的黄海冷水团交汇，形成了明显的河口锋面。长江河口锋面的存在对河口地区的悬沙输移、沉积过程、生物地球化学过程有着十分重要的作用。导致长江口的泥沙运动在不同时期出现显著的季节差异：偏南风盛行的夏季，是长江冲淡水扩散范围最广的季节，混合作用弱，海水分层现象明显，锋面发育典型，扩散的泥沙被水平锋面及垂直跃层所阻隔不易再悬浮，因而该时期是长江口主要沉积时期，这时期的长江口处于泥沙“汇”的过程；偏北风盛行的冬季，混合作用强，海水分层现象基本消失，锋面发育不典型，海水处于不稳定状态，沉降的泥沙容易再悬浮，因而该时期是长江口冲刷期，大量泥沙向东南方向运移扩散，这时期的长江口处于泥沙“源”的作用（胡方西等，2002）。

2.4 长江口水下三角洲表层沉积物分布

长江口表层沉积物粒度特征是河口一定动力和地貌条件下的产物，也是河口泥沙运动的具体反映（董永发等，1988）。根据水下三角洲的组成特点，沉积环境可分为四个区（图2-3）：前缘斜坡带（A区）、前三角洲地区（B区）、三角洲向陆架的过渡区（C区）和晚更新世晚期的三角洲（D区）。其中A、B、C区组成了现代长江水下三角洲。据沈华悌（1985）的研究，D区上层年龄普遍小于距今1.5万a，为海进改造沉积，下部海退残留沉积物年龄大于1.5万a，黄惠珍等（1996）和Chen Z等（2000）则进一步指出，D区为晚更新世三角洲的主体部分。

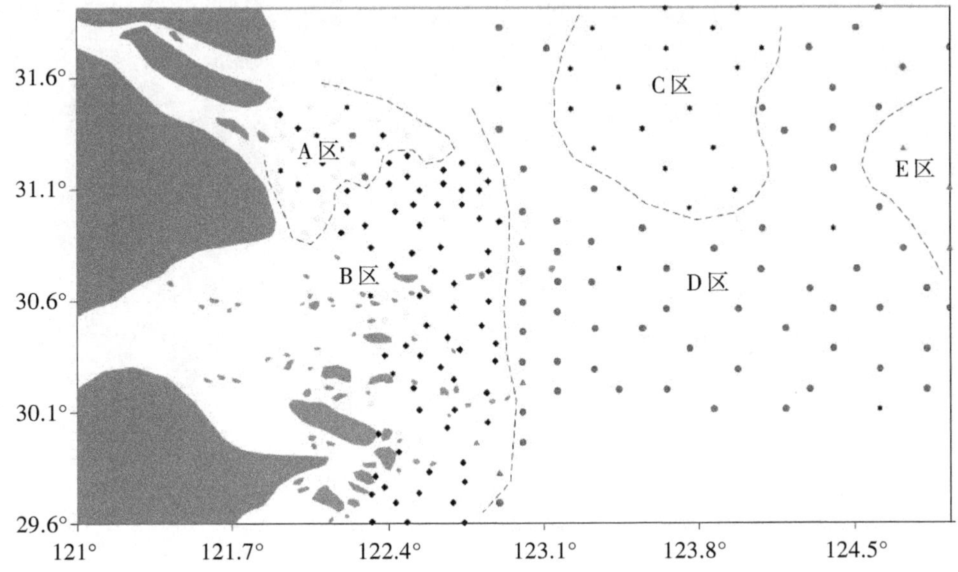

A. 长江水下三角洲前缘沉积区 B. 前三角洲及杭州湾东部泥质区 C. 扬子浅滩潮流沙脊沉积区 D. 东海陆架沙脊沉积区 E. 潮流沙脊间洼地沉积区

图2-3 长江水下三角洲沉积环境分区（窦衍光，2007）

从沉积物的组成来看，A区位于河口附近，为三角洲前缘斜坡区，受河口径流和海流及波浪的影响，以黏土质砂和细砂为主，粒度组成反映了河口与海洋动力的双重作用；B区为前三角洲区，以黏土质粉砂为主，其次为粉砂质黏土，粒度组成反映了海洋动力的不断加强和悬沙组分的增加；C区为三角洲向陆架过渡区，以砂、粉砂、黏土为主，反映了河口作用受到阻拦；D区以细砂为主，为残留砂区未受到明显的改造（黄慧珍等，1996）。近岸的物质较粗，大致上从A区到C区沉积物越来越细，这与一般三角洲从前缘斜坡到前三角洲粒径逐渐变细是一致的。以31°20′N为界，在水下三角洲A区，北部较粗、南部较细，造成这种差别的原因：长江现在的行水河道主要是南支，为主要淤积地带，北支受到苏北辐射沙脊、沿岸流以及海洋动力的作用出现粗化，局部为冲刷或相对平衡带（陈吉余等，1988）。

第三章　研究材料和分析方法

3.1　研究材料

因为土地资源紧张，未来一段时间上海只能在沿海和邻近海域地带开发，以缓解用地需求矛盾。而围垦边滩需要有足够的优质沙源，同时还要维持原有航道、地质环境的安全。为避免产生意想不到的地质灾害和人员伤亡、重大经济财产损失，必须事前进行工程地质和环境地质评价。2008年上海地质调查研究院在上海市科技委员会项目：海岸带地质环境对城市安全影响监测体系研究（项目编号：09231203300）和上海市后备土地资源潜力与动态规律研究（项目编号：072112020）的支撑下，在崇明岛以东10 m以浅的水下三角洲开展了海域地质调查，共获取16个钻孔。因为在此区域，水深较小，沙源丰富，工程投资以及预算成本小，同时还可以恢复和重建晚更新世以来的沉积相和沉积环境，认识其沉积机制。

本书研究的HYZK5钻孔是其中之一，该孔位于长江口崇明岛东北水深约5 m的水下三角洲（122°09′E、31°40′N）（图3-1），孔深约58.7 m。与其他钻孔相比，HYZK5孔具有柱样长（近60 m）、沉积速率高、沉积相连续完整、与相邻的陆上三角洲柱样可比性强等特点，尤其是含有连续的全新世地层，为提取全新世高分辨率的环境演化信息提供了可能。

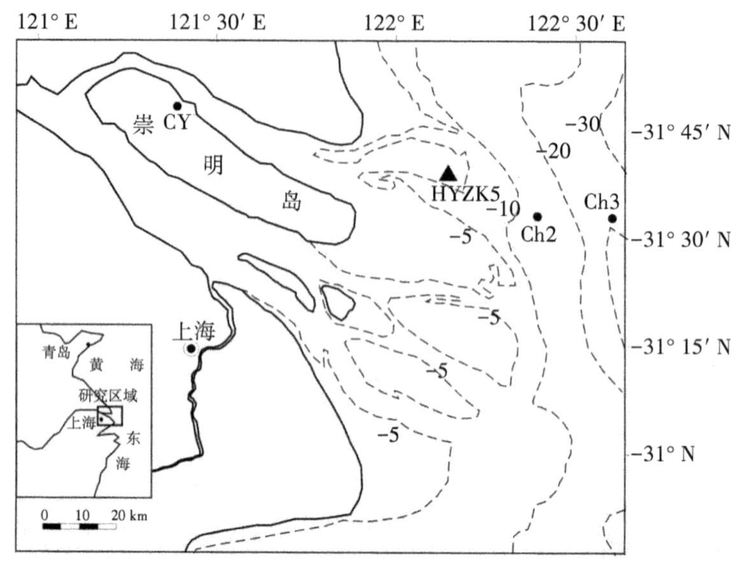

图3-1 HYZK5钻孔及参考钻孔位置图

本书拟在对HYZK5孔柱样沉积物的岩性、粒度、磁化率、有孔虫丰度、有机碳同位素、地球化学元素等环境代用指标信息综合分析的基础上，结合精确的测年数据、海面变化等资料，并与相邻区域其他钻孔对比，识别长江口沉积物对海平面与东亚夏季风波动的响应记录，重点探讨长江口全新世东亚夏季风气候的不稳定性特征、变化规律及其演变的驱动机制。本书所有样品均来自HYZK5孔柱状样，实验完成的主要工作量统计见表3-1。

表3-1 主要实验工作量

粒度/个	磁化率/个	有孔虫/个	*TOC*、*TN*/个	$\delta^{13}C$/个	无机地球化学元素/个
230	230	46	118	115	98

3.2 分析方法

3.2.1 测年样品的选取及其测试

高精度的时间序列是研究古气候古环境演化的关键资料。本书从钻孔沉积物中选取5个光释光测年样、20个AMS^{14}C测年样，所有样品均送至中国科学院地球环境研究所黄土与第四纪地质国家重点实验室测年。第一批测年样品共9个测年样品数据，具体信息和结果见表3-2和3-3。为了消除误差的影响，使用Stuiver

等（2009）的CALIB REV 5.0.1校正程序，对^{14}C年龄值进行校正，校正年龄采用近年来国际上常用的年龄范围和中值表示。第二批样品共计16个，仅获得9个样品数据，因为测年数据大多偏年轻且出现年龄倒置现象，因而剩余的7个样品没有继续测年。第二批9个测年样品具体信息和结果见表3-4。

表3-2　HYZK5孔光释光测年结果

实验室编号	野外编号	埋深/m	U/10^{-6}	Th/10^{-6}	K/%	等效剂量E.D/Gy	年剂量Dy/Gy·1000 a^{-1}	含水量/%	年龄/1000 a	备注
09G-052	HY5G-1	9.48～9.60	1.52	8.06	1.67	8.02±0.48	2.66	29.89	3.0±0.2	偏老
09G-053	HY5G-3	16.4～16.5	2.23	13.8	2.53	16.80±1.12	3.88	39.45	4.3±0.3	
09G-054	HY5G-4	26.4～26.5	2.4	13.5	2.21	28.04±1.90	3.68	35.27	7.6±0.6	
09G-055	HY5G-6	46.9～47	2.58	13.4	2.64	107.19±3.86	3.97	41.07	27.0±1.2	偏老
09G-056	HY5G-7	58.3～58.4	2.04	10.1	1.56	160.81±9.20	2.95	21.74	54.5±3.8	偏老

注：所有光释光测年数据均由上海市地质调查研究院提供。

表3-3　HYZK5孔AMS^{14}C测年结果（第一批）

实验室编号	野外编号	测试材料	取样深度/m	$\delta^{13}C$/‰		^{14}C年龄/a BP	校正年龄/cal a BP中值（年代区间）（1δ）
				$\delta^{13}C$	Error（1σ）		
XA3902	HY5CC-6	螺壳	11	−7.47	0.28	2376±33	2190（2080—2300）
XA3900	HY5CC-1	贝壳（双壳类）	55.5	−5.48	0.37	10927±33	12740（12650—12830）
XA3901	HY5CC-2	贝壳片（双壳类）	55.75	−8.05	0.47	10564±33	12102（11915—12290）
XA4131	HY5CC-5	泥炭	57	−25.13	0.4	16407±53	19517（19470—19565）

注：以上测年数据由上海市地质调查研究院提供。

表3-4　HYZK5孔AMS^{14}C测年结果(第二批)

实验室编号	野外编号	测试材料	取样深度/m	^{14}C年龄/a BP	实验室编号	野外编号	测试材料	取样深度/m	^{14}C年龄/a BP
XA5342	HY14	贝壳	5.15	2282±29	XA5345	HY6	贝壳	34.1	2828±37
XA5346	HY16	贝壳	9.7	1012±37	XA5341	HY7	贝壳	40.9	3360±36
XA5349	HY2	植物残体	11.7	4779±36	XA5343	HY9	贝壳	52	2915±46
XA5344	HY3	贝壳	17.6	3360±33	XA5348	HY12	炭屑	58.1	15689±65
XA5347	HY4	贝壳	22.3	2847±32					

注：以上测年数据由西安黄土与第四纪地质国家重点实验室提供。

3.2.2　粒度分析

粒度分析的目的是研究碎屑物的颗粒粗细组成和分布特征，而沉积物粒度的大小和分布受沉积物的来源、搬运动力和沉积环境等因素控制（成都地质学院陕北队，1976）。因此粒度分析是重建古环境、古气候的重要方法之一，也是沉积学中应用最广泛的基础实验，同时粒度与地球化学元素、磁化率、有机碳等古环境指标之间存在着密切的联系（张瑞虎等，2011），精确地测定粒径的大小，是准确而可靠获取古环境变化信息的基本前提（雷国良等，2006）。

本书共采集粒度样品230个，大多以20 cm间距采集，因部分地层缺失，少数样品间距为50 cm。由于样品粒径较细，因此全部使用美国Beckman Coulter LS 13-320型全自动激光粒度仪在华东师范大学河口与海岸国家重点自然实验室进行了粒度测定，仪器测量范围为0.04～2000 μm，重复测量的相对误差≤1%。

粒度测试实验步骤如下：样品放在烘箱里40 ℃左右低温烘干；根据岩性差异，称取0.1～0.6 g的样品放入50 mL烧杯中，加少量去离子水浸泡，用手摇晃烧杯，使样品均匀散开。其中粉砂、细砂称取0.4～0.6 g，泥质样品称取0.1～0.2 g；随后加入10 mL 10%的H_2O_2，并加热煮沸，使其充分反应。用去离子水加满烧杯并静置24小时，抽去上清液，重复水洗步骤一次，去除多余的H_2O_2；加入10 mL 0.05 mol/L的分散剂（$(NaPO_3)_6$），摇匀后在KQ-250DB型数控超声波振荡器上超声10 min，形成高分散的颗粒悬浮液，上机待测。将实验结果用LS13-320软件分析并转换为excel表格数据，统计了样品中平均粒径（Mean）、中值粒径（Median），计算了黏土（<4 μm）、粉砂（4～63 μm）和砂（63～2000 μm）所

占的沉积物百分比，同时根据Folk和Ward的公式（Folk and Ward，1957）计算了标准偏差σ、偏度S_k和峰度K_G等粒度参数，其计算公式为：

标准偏差：$$\sigma = \frac{\varphi_{84} - \varphi_{16}}{4} + \frac{\varphi_{95} - \varphi_5}{6.6}$$

偏态：$$S_k = \frac{\varphi_{84} + \varphi_{16} - 2\varphi_{50}}{2(\varphi_{84} - \varphi_{16})} + \frac{\varphi_{95} + \varphi_5 - 2\varphi_{50}}{2(\varphi_{95} - \varphi_5)}$$

峰态：$$K_G = \frac{\varphi_{95} - \varphi_5}{2.44(\varphi_{75} - \varphi_{25})}$$

3.2.3 磁化率分析

样品磁性测量在华东师范大学河口与海岸国家重点实验室进行，使用的仪器是英国Bartington MS2双频磁化率仪，测量了低频（0.47 kHz）和高频（4.7 kHz）磁化率（χ_{LF}和χ_{HF}），并计算了质量磁化率χ和频率磁化率$\chi_{fd}/\%=(\chi_{lf}-\chi_{hf})/\chi_{lf}\times100$。

磁性测量方法如下：将40 ℃低温下的烘干样品（高于40 ℃的氧化环境会改变磁性），在玛瑙研钵内轻压、分散，磨成粉末状，以不损坏自然颗粒为准，并搅拌均匀。取8～10 g样品称重，置于10 mL容量的圆柱状聚乙烯样品盒内压实、密封后进行磁化率测量。

3.2.4 有孔虫丰度分析

有孔虫是一类真核单细胞原生生物，除极少数代表如奇杆虫亚目的部分属种生活于淡水外，绝大多数生活于海底。有孔虫个体小、丰度大，具有特征明显多变而易于保存的壳，因而在海陆过渡相和海洋沉积物中可以发现数量很多的有孔虫化石。有孔虫丰度是指单位质量或单位体积中有孔虫的数量。本书有孔虫丰度是指50 g干样中有孔虫的数量。有孔虫的生态环境和死亡后的沉积环境（温度、盐度、水深、底质、光照、食物、水动力等）都会影响有孔虫的丰度（朱晓东，1993），因而有孔虫丰度的变化可以指示沉积环境的变化。

有孔虫丰度分析实验步骤如下：称取50 g低温烘干样充分浸泡，加入适量H_2O_2，以去除样品中的有机质，静置一天后用250目（孔径0.061 mm）的冲样筛冲洗样品。将冲洗干净的样品移动坩埚中，在40 ℃恒温下烘干样品，由于样品比较细，冲洗完剩下的样品量很少，所以烘干样品直接在双目实体镜下挑样。

3.2.5 有机氮碳及稳定碳同位素$\delta^{13}C$分析

根据粒度和磁化率的测量结果，从230个粒度样品中选取118个样品进行了有机碳*TOC*、总氮*TN*测试：新鲜样品低温（<50 ℃）烘干研钵磨过120目后，称

取粉末样品2.5 g左右，并记录为酸化前样品质量m_1；用1 mol/LHCl 20 mL在80 mL的离心管中浸泡淋洗24 h，除去样品中的无机碳，浸泡过程中将离心管置于70～80 ℃的水浴锅中加热，使HCl与无机碳充分反应，加入盐酸的过程中用玻棒不断搅动，直至没有气泡溢出为止。然后用去离子水在离心机上离心，充分洗涤样品多次，以去除残留盐酸，直至PH试纸检验至中性。洗涤后样品低温烘干冷却至室温，称重并记录为酸化后的样品质量m_2，再将烘干后的样品研磨；最后用百万分之一克的电子天平称取已酸化过的样品40 mg左右，在华东师范大学河口与海岸国家重点自然实验室用德国ELEMENTAR Vario EL3元素分析仪测试*TOC*、*TN*含量，仪器分析精度不低于±2%，根据样品酸化前后的质量变化，将酸化样品*TOC*、*TN*含量换算成全样的*TOC*、*TN*含量。

元素的同位素比值是该元素的重同位素原子丰度与轻同位素原子丰度之比。由于同位素比值难以准确测定，因此样品的同位素比值通常用它与某一标准物质的同位素比值的千分差来表示。

碳的同位素组分$\delta^{13}C$可表示为：

$$\delta^{13}C\ (‰)=\{[\ (^{13}C/^{12}C)_{样品}/(^{13}C/^{12}C)_{标准}]-1\}\times 1000$$

数十年来，碳同位素分析的标准物质，一直使用美国南卡罗莱纳州白垩纪Pee Dee组的美洲拟箭石化石，并假定其$\delta^{13}C$值为0‰，以PDB表示。1980年，PDB碳酸盐标准物质已被用完，国际原子能机构于1987年建议，同位素分析数据以V-PDB（Vienna-PDB）表示。

稳定同位素$\delta^{13}C$是在中科院黄土和第四纪国家重点实验室使用美国Finigan-mat公司的Model-251型质谱仪测定完成的。其实验过程为：利用百万分之一电子天平准确称取少量经过上述酸化预处理过的碾磨样品，包于锡舟中，上机待测。样品分析过程中，每10个样加入1个国家标准及1个重复样进行质量监控，所得$\delta^{13}C$结果均为相对于VPDB（Vienna Pee Dee Belemnite）标准，仪器分析精度≤±0.02‰，稳定碳同位素丰度计算方法为：

$$\delta^{13}C\ (‰)=[(^{13}C/^{12}C)_{样品}-(^{13}C/^{12}C)_{标准}]\ /\ (^{13}C/^{12}C)_{标准}\times 10^3$$

3.2.6 常微量无机地球化学元素分析

本书常微量无机地球化学元素分析是在华东师范大学地理系用全自动X射线荧光光谱仪（X-Ray Fluorescence Spectrometer，简称XRF）完成的，仪器型号为日本岛津XRF-1800。X射线荧光光谱仪是一项非破坏性的元素定性和定量分析的技术，其原理是根据被入射X射线提升到激发态的样品，在回复到基态时，所放射的X射线荧光，具有因元素种类和含量不同而有不同的波长X射线的特性。

分析项目包括常量元素（Si、Al、K、Na、Ca、Mg、Fe）和微量元素（Mn、Ti、Rb、Sr、Zr、Zn、Ni、Cr），共15种元素。X射线荧光分析测量结果中常量元素丰度以其氧化物SiO_2、Al_2O_3、K_2O、Na_2O、CaO、MgO、TFe_2O_3（全铁）的质量百分比表示，其余元素以元素的质量分数给出。

由于样品取自长江口水下三角洲，考虑到样品受海水中可溶性元素的影响较大，同时为了减弱粒级效应对沉积物元素组成的影响，本书未采用全岩分析方法，而是选择小于63 μm的粒级进行分析。有研究（Gallet et al，1998）认为，传统的全岩化学元素分析方法往往难以获取沉积过程中元素迁移的真实情况，使得在提取古环境信息时存在一定的局限性。一般来说，沉积物粒度越细，元素组分的直接气候环境意义越显著。笔者参照前人对长江口沉积物地球化学样品的处理方法（杨守业等，2000）对样品进行了如下前处理：所有样品运用高纯度去离子水充分浸泡，超声波分散后净置24小时，倒去上清液，如此反复进行6遍，以便充分清洗去除可溶性盐分；然后用湿筛法提取小于63 μm的粒级样品，在60 ℃低温下烘干研磨后，用1/1000天平称取样品4 g，用低压聚乙烯镶边垫底，在37.5 t压力下制成内径31 mm、外径40 mm的圆片，待测。本法选用国家一级标准物质——水系沉积GSD-9。标样GSD-9测试3次并计算各元素的回收率。

从表3-5和图3-2标样GSD-9的推荐值、实测值和回收率来看，Sr、Cr和Zn三种元素的回收率分别为83.59%、84.42%和110.37%，除这三种元素的误差较大外，其他元素的回收率在94%～110%，尤其是常量元素Si、Al、K、Na、Ca、Mg、Fe、Mn、Ti的相对误差均在7%以内，因此总体上来说，地化元素分析结果是可靠的。

表3-5　HYZK5孔GSD-9标样的推荐值、实测值和回收率（$n=5$）

	推荐值/$mg \cdot kg^{-1}$	实测值/$mg \cdot kg^{-1}$	回收率/%
K_2O	19900±600	18744±188	94.19±0.94
CaO	53500±900	53239±1059	99.51±1.98
Na_2O	14400±400	14057±164	97.62±1.14
MgO	23900±600	23979±358	100.33±1.50
Al_2O_3	105800±1000	113090±3137	106.89±2.97
SiO_2	648900±1100	666907±6281	102.77±0.97

续表3-5

	推荐值/mg·kg^{-1}	实测值/mg·kg^{-1}	回收率/%
Fe_2O_3	48600±606	47656±132	98.06±0.27
Mn	620±20	606±6	97.73±1.00
Zn	78±4	86±1	110.37±1.42
Ni	32±2	32±1	98.57±4.16
Rb	80±3	78±3	97.96±3.26
Sr	166±9	139±0	83.59±0.10
Cr	85±7	72±8	84.42±8.89
Zr	370±20	348±10	94.12±2.61
Ti	5500±160	5242±12	95.30±0.22

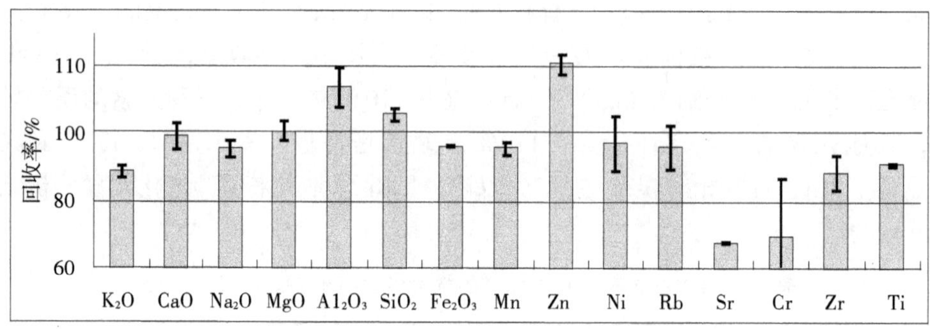

图3-2　HYZK5钻孔标样GSD-9元素的回收率

第四章　研究结果

4.1　HYZK5孔柱状岩芯地层特征

HYZK5孔（122°09′E、31°40′N）位于长江口崇明岛以东水深约5 m的水下三角洲，钻孔深58.7米，岩芯长54.9 m，取芯率93.5%，缺失的岩芯主要位于孔深9 m以浅粒径较粗的砂泥互层段。该孔上段深0～9.65 m以砂为主，见灰黄色细砂与泥质粉砂薄层互层，波状层理；下段以黏土质粉砂为主，为灰色、深灰色均质泥夹极薄粉砂，其中56.1～57 m为黑色泥炭；底部为深灰色、灰色砂和细砂。根据钻孔上下层位的岩性、粒度、磁化率和有机碳氮特征（图4-1）以及与长江三角洲第四纪钻孔地层对比，HYZK5孔的沉积地层由下向上分为四层，各层的岩性特征（图4-2）描述如下：

A层（57.6～58.7 m）：河流相沉积。深灰色，局部黑灰色泥质粉砂，向下渐变为深灰色砂，58.3～58.7 m灰色细砂。在提取有孔虫水洗样品过程中发现上部57.7～58.1 m有两个样品干重共100 g中偶见三粒小砾石：一粒直径1 cm×0.6 cm×0.8 cm，棱角状；一粒为0.4 cm×0.6 cm×0.4 cm的棱角状小砾石，还有一粒为0.5 cm×0.6 cm×0.1 cm的次棱角状扁平小砾石，砾石成分以长石为主，少量的辉石、角闪石、云母、石英，属于基性岩中的辉长岩或闪长岩。另外水洗过程中还见到一枚长约0.5 cm的锥形小螺壳，样品中含有大量植物碎屑。而在58.3～58.7m灰色细砂中植物碎屑较少。

B层（55.7～57.6 m）：滨海湖沼相沉积，底部与下伏地层之间呈渐变接触关系。顶部为黑灰色均质泥，有机质含量极高，55.75m见双壳类贝壳一片（1 cm×

1.5 cm），56.1～57 m为黑色泥炭，下部为深灰色粉砂质泥。孔深55.75 m处的贝壳样和57 m处的泥炭样测年分别为12100±33 cal a BP、19517±53 cal a BP，该层泥炭与同一海域同一时代相邻的Ch2、Ch3孔泥炭层岩性一致，故推断其沉积环境为全新世海侵之前的湖沼相沉积（秦蕴珊等，1987）。

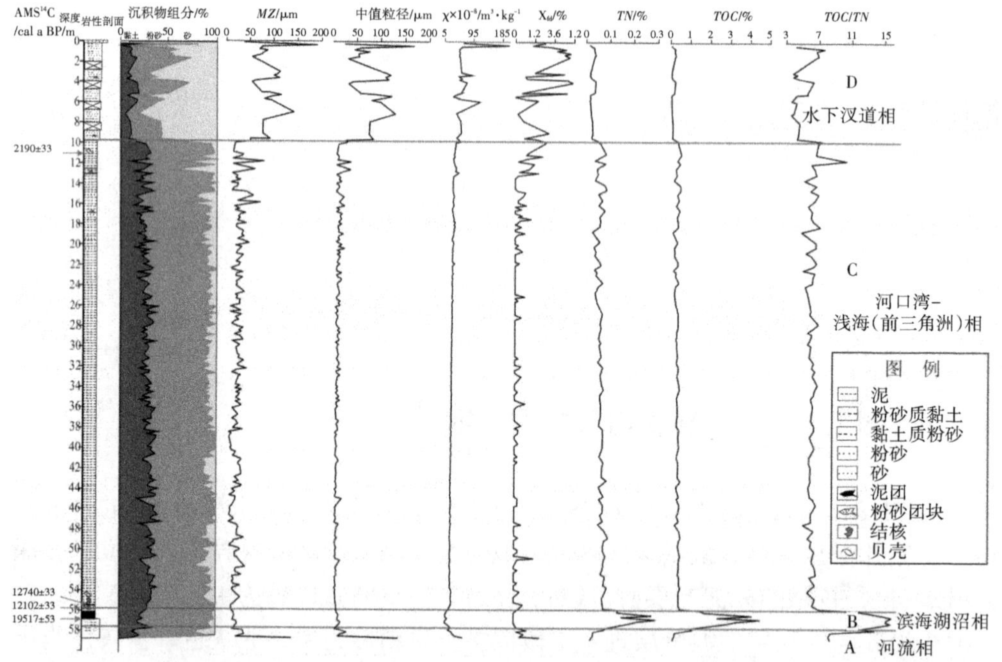

图4-1　HYZK5孔沉积物粒度、磁化率和*TOC*、*TN*随深度的变化曲线

钻孔资料显示，多数海相层之下都有一层陆相泥炭层。由此可以推知，在由干旱寒冷的冰期向温暖湿润的间冰期转变过程中，有一个比较冷湿的阶段。此时在宽广平坦低洼的海岸平原上广泛地形成了积水洼地和沼泽，植物残体大量堆积。由于低温而不会大量分解，故积累形成了泥炭。其后随着温度的进一步升高，海面上升海水淹没了泥炭沼泽，海相沉积物覆盖了泥炭。韩德亮等（2001）研究认为，晚更新世末期从东亚陆架上吹来的气流，形成了低温、潮湿的环境，十分有利于泥炭的形成。距今12000 a以后出现的新仙女木事件，代表海面降低时期，也十分有利于陆架区泥炭的发育。全新世海侵的发生，使泥炭的发育终止，这就是全新世海侵沉积以下往往出现泥炭层的原因。

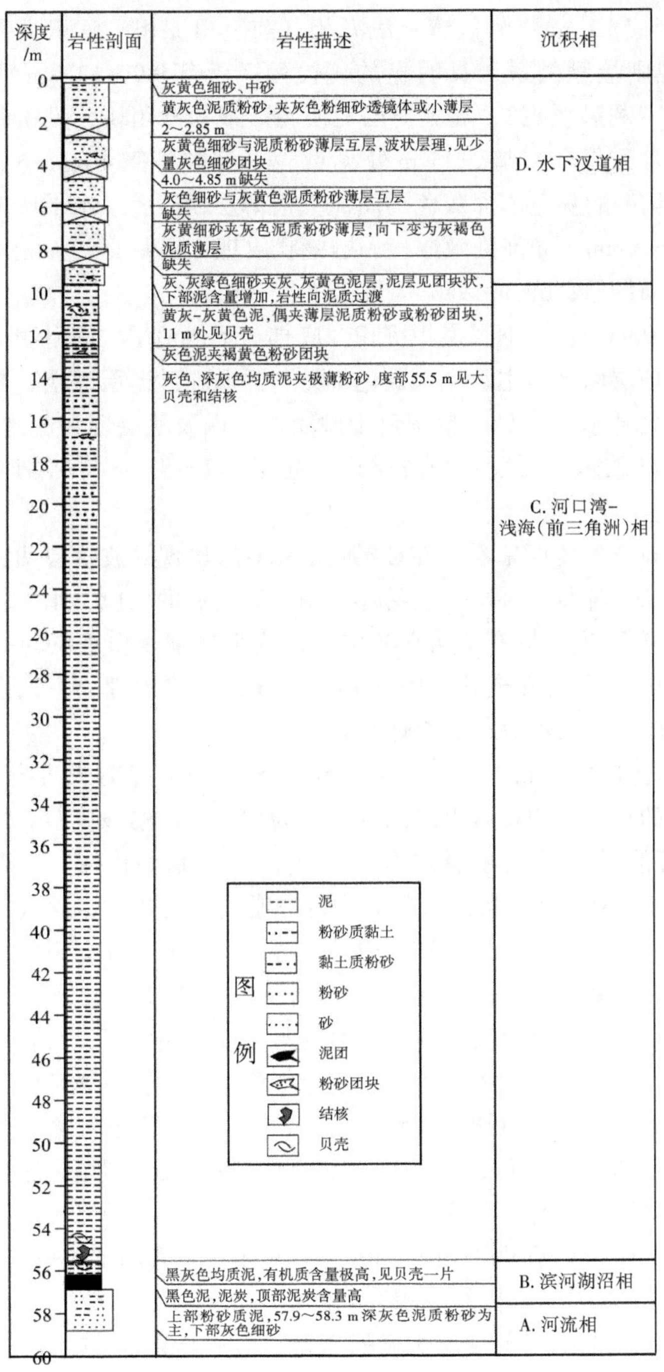

图4-2　HYZK5孔岩性和沉积相剖面图

C层（9.9～55.7 m）：河口湾－浅海相（前三角洲相）沉积，底部与下伏地层之间呈不规则接触关系，具明显的侵蚀面。上部9.9～13.1 m颜色较浅为黄灰－灰黄色泥（粉砂质泥），偶夹薄层泥质粉砂或粉砂团块，见粉砂夹层，层厚1～2 mm，富含云母、炭屑，11 m处见贝壳（完整螺壳4 mm×6 mm），13.1～54.5 m为岩性均一的灰色、深灰色均质泥夹极薄层粉砂，以水平层理为主，层厚不等，大多1～5 mm，局部见微波状、透镜状层理，层厚1～3 mm。底部55.45 m处见团块状泥质结核，55.5 m处见大贝壳（1 cm×2 cm）。

D层（0～9.9 m）：水下汊道相沉积，底部与下伏地层之间呈明显的不规则突变接触关系。该层以砂为主，见灰黄色细砂与泥质粉砂薄层互层，灰黄色细砂与薄层泥互层，泥质粉砂中见少量灰色细砂团块，以波状层理和透镜状层理为主，泥层多为团块状或水平层理－微波层理，泥层厚1～5 mm，砂层厚10～50 mm，粒径向下趋细。

从沉积岩石学的角度来看，在C层底部和D层出现的波状层理和透镜状层理是砂泥沉积中的一种复合层理，表明环境中有砂、泥的供应，水深较浅，并且水流不稳定，水流活跃期与停滞期交替出现，这是在潮汐作用下的一种常见构造（赵澄林等，2001）。而在全孔的中部14～50 m以水平层理为主，说明水动力条件很弱，水深较大，为浅海相沉积环境。

同样，在上部的11 m见有大贝壳、下部54～56 m见有大贝壳和泥质结核，而且这些层位的柱状样中经常出现以灰色泥为主的薄层粉砂或砂夹层和团块，这些沉积特征可能反映了上述层位水深较浅，是风暴潮作用的产物（陈中原，1987）。而在14～50 m前三角洲沉积为岩性非常均一的灰色、深灰色均质泥，基本上没有看到砂泥夹层、大贝壳和泥质结核等风暴沉积特征，说明水动力条件很弱，可能与其所处的浅海相沉积环境水深较大有关。HYZK5孔从C层的粒径较细的浅海相泥质沉积向上过渡到粒径较粗的水下汊道相沉积，符合河控型三角洲沉积序列的典型特征，即总体上为粒径向上变粗的层序。一般来说，底部为前三角洲泥，向上依次出现三角洲前缘砂和粉砂，最上面覆盖着三角洲平原的较粗的分支河道沉积和细粒沼泽沉积，大体上为下细上粗的反旋回沉积序列，即进积型序列。这是三角洲沉积的一个重要特征。

综上所述，HYZK5孔由下向上经历了河流相—滨海湖沼相—河口湾-浅海相（前三角洲相）—水下汊道相的沉积环境的演变。粒度、磁化率、有机碳氮等指标在不同沉积环境中出现了较为明显的变化，但在C层的河口湾-浅海相（前三角洲相）中不仅岩性较为均一（均质泥为主），而且各环境代用指标的垂向变幅均很小，反映了河口湾－浅海（前三角洲）相沉积环境的相对稳定。结合岩性和孔深55.75 m处的贝壳样测年结果12100±33 cal a BP，笔者认为，孔深9.9～55.7 m段为相对稳定连续的前三角洲相或河口湾－浅海相沉积，为研究长江水三角洲地区全新世的古环境演变提供了不可多得的良好材料。本书后面将以该段沉积物为研究对象，提取其所反映的环境信息。

4.2 AMS-^{14}C年代－深度序列

本书共获得有效测年数据18个，第一批样品中下部的两个光释光样品HY5G-6和HY5G-7测年数据明显偏老，其他数据基本合理；第二批样品中的9个测年数据，大部分数据尤其是孔深17～52 m的四个数据偏年轻，而且好多样品还出现年龄倒置现象（图4-3）。其原因主要是这些贝壳、植物残体、炭屑等

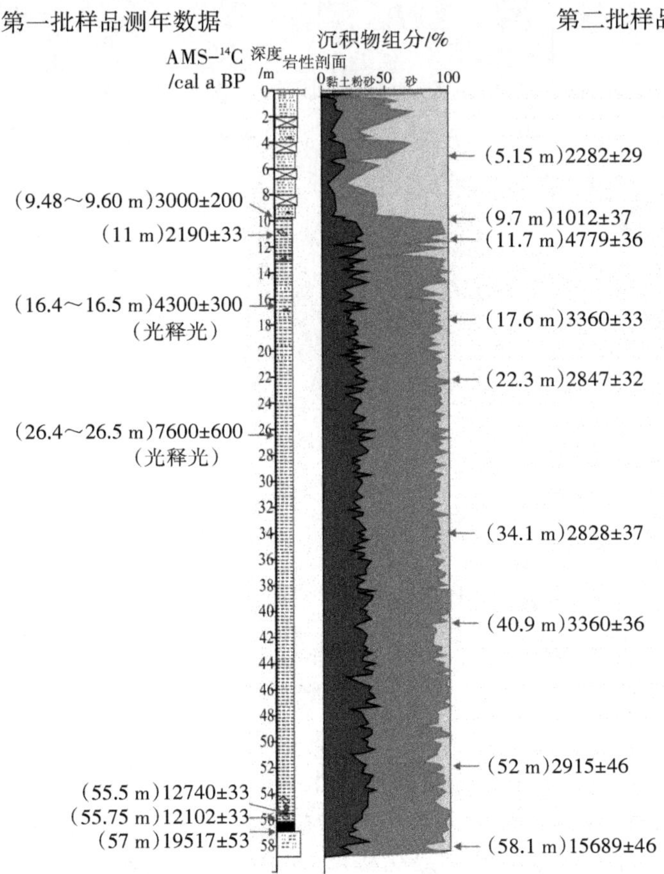

图4-3 HYZK5孔测年数据比较

测年样品都是从沉积物中通过水洗富集后提取的分散物，测年样品经受了沉积环境的改造、搬运，从而导致测年结果的差异。当然也有可能是样品前处理过程不当，也有可能来自测年过程中出现的问题，加上海洋沉积环境比较复杂方面的原因，使得海区三角洲现有的测年数据大部分不甚理想（秦蕴珊等，1996）。同样在长江三角洲南部平原ZX-1孔也有多个测年结果出现很大偏差而弃之不用的情况（Stanley et al，1999）。因此本书主要依据第一批样品中剔除两个光释光样品HY5G-6和HY5G-7外的其他7个测年数据的测年结果初步建立了HYZK5孔的年代-深度序列（图4-4）。

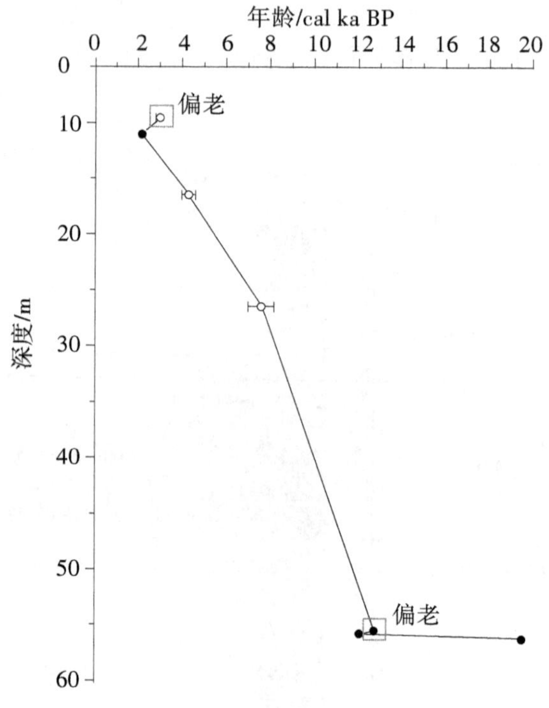

图4-4　HYZK5孔年代-深度序列

4.3　粒度特征

碎屑颗粒的粒度大小受流水作用强度大小的控制，同时粒度大小与沉积物形成的环境关系密切。河口沉积物的粒度特征反映的是河口动力和河口环境，所以粒度特征是划分沉积环境和沉积相的依据（刘宝珺，1980），也是分析探讨其他环境代用指标意义的重要基础。

4.3.1 粒度组成

HYZK5孔孔深9.9～55.7 m段沉积物粒度组成如表4-1和图4-5所示，该段平均粒径*Mz*介于7.444～80.687 μm，均值24.942 μm，波动较大，*Mz*呈现向上增大的趋势。中值粒径*Md*介于4.885～38.251 μm，均值10.437 μm，由下向上增大的趋势比*Mz*更加明显。就该段剖面沉积物组分来看，黏土平均含量占29.746%，粉砂占61.9%，砂仅占8.352%，粉砂所占比例最高。HYZK5孔孔深9.9～55.7 m段高含量泥质粉砂，只能在稳定的水动力条件下缓慢沉降形成（赵澄林等，2001）。

根据1992年《海洋调查规范》中的谢帕德（Shepard）沉积物三角形分类图解法（赵东波，2009），绘制了图4-6所示的沉积物粒度组成三角图。从图中可以看出，HYZK5孔孔深9.9～55.7 m段95.8%的样品属于黏土质粉砂，只有为数不多的几个样品分属砂质粉砂、粉砂和砂-粉砂-黏土类型。该段黏土含量在11.2%～43.6%波动，由下向上趋于减少；粉砂含量介于32.1%～80.9%波动，含量较高，与黏土的变化趋势相反，由下向上趋于增加；砂含量在0～43.8%变化，中段18.5～47.3 m波动幅度较小，而上段（9.9～18.5 m）和下段（47.3～55.7 m）波动较大且频繁。由表4-1和图4-6可以看出，Ⅱ亚层所有样品的砂含量均小于20%，Ⅰ和Ⅲ亚层中只有为数不多的几个样品砂含量超过20%。

表4-1 HYZK5孔孔深9.9～55.7 m段粒度特征

参数	变化范围	*Mz*/μm	*Md*/μm	黏土(<4 μm)/%	粉砂(4～63 μm)/%	砂(>63 μm)/%
Ⅲ 9.9～18.5 m	均值	30.532	14.645	25.046	64.440	10.509
	最大	80.687	38.251	35.6	74.4	43.8
	最小	10.450	6.732	11.2	32.1	0.003
Ⅱ 18.5～47.3 m	均值	23.839	9.901	30.199	62.140	7.658
	最大	49.018	24.641	43.6	80.9	19
	最小	7.444	4.885	15.9	48.3	0
Ⅰ 47.3～55.7 m	均值	23.127	7.970	33.039	58.311	8.650
	最大	43.083	17.242	40.2	71.9	22.3
	最小	9.390	5.466	21.6	48.4	0

续表 4-1

参数	变化范围	*Mz*/μm	*Md*/μm	黏土(<4 μm)/%	粉砂(4～63 μm)/%	砂(>63 μm)/%
C 层 9.9～55.7 m	均值	24.942	10.437	29.746	61.900	8.352
	最大	80.687	38.251	43.6	80.9	43.8
	最小	7.444	4.885	11.2	32.1	0
标准偏差	Ⅲ	16.848	7.454	6.232	7.731	9.264
	Ⅱ	9.000	3.606	5.419	4.799	4.592
	Ⅰ	7.946	2.367	4.230	5.263	4.935
	C层	10.980	4.873	5.908	5.798	5.846
变异系数	Ⅲ	0.55	0.51	0.25	0.12	0.88
	Ⅱ	0.38	0.36	0.18	0.08	0.60
	Ⅰ	0.34	0.30	0.13	0.09	0.57
	C层	0.44	0.47	0.20	0.09	0.70

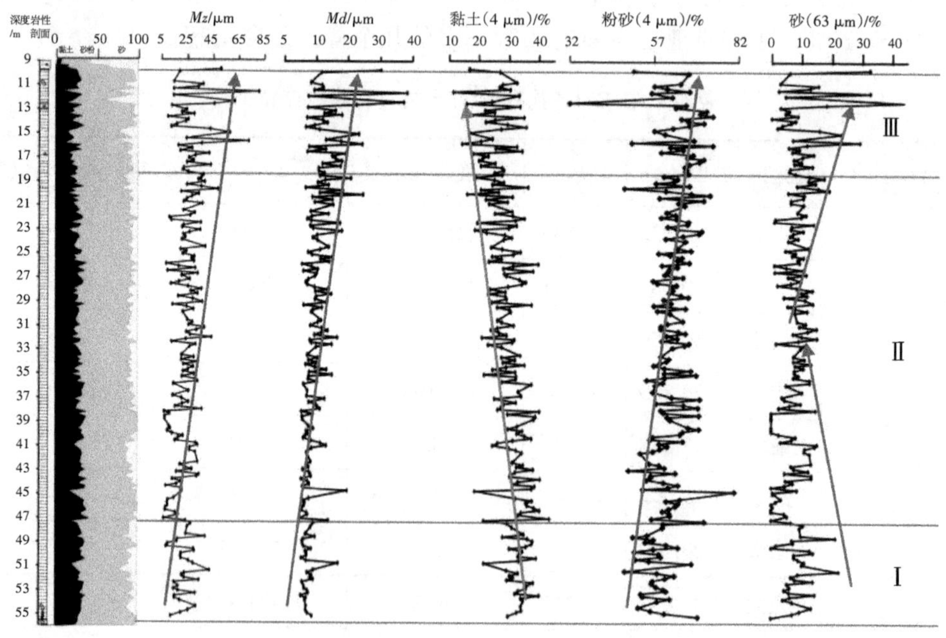

图4-5　HYZK5孔孔深9.9～55.7 m段粒度特征的垂向变化

从图4-5可以看出，在HYZK5孔孔深9.9～55.7 m段，上、下段粒度变幅较大，中段（18.5～47.3 m）变化较为和缓，尤其在粉砂和砂的垂向变化上表现最为明显。结合磁化率、有机碳氮指标可将HYZK5孔孔深9.9～55.7 m段的粒度变化由下向上细分为三个亚层：Ⅰ（47.3～55.7 m）、Ⅱ（18.5～47.3 m）、Ⅲ（9.9～18.5 m）。

Ⅰ（47.3～55.7 m）：*Mz*介于9.39～43.083 μm，均值23.127 μm。*Md*平均值为7.97 μm。粉砂含量介于48.4%～71.9%，均值58.311%；黏土含量介于21.6%～40.2%，均值33.039%；砂含量介于0%～22.3%，均值8.65%，波动较大。*Mz*、*Md*平均值和粉砂的平均含量均为孔深9.9～55.7 m段中的最小值，而黏土的含量最高。

Ⅱ（18.5～47.3 m）：*Mz*介于7.44～49.018 μm，均值23.839 μm。*Md*平均值为9.901 μm。粉砂含量介于48.3%～80.9%，均值62.14%；黏土含量介于15.9～43.6 μm，均值30.199 μm，由下向上趋于减少；砂含量介于0%～19%，均值7.658%，波动较大。*Mz*、*Md*平均值，粉砂和黏土的平均含量均为孔深9.9～55.7 m段中的中间值，而砂的含量最少。粒度参数垂向变化相对和缓。

Ⅲ（9.9～18.5 m）：*Mz*介于10.45～80.687 μm，均值30.532 μm。*Md*平均值为14.645 μm。粉砂含量介于32.1%～74.4%，均值64.44%；黏土含量介于11.2%～35.6%，均值25.046%，波动较大；砂含量介于0.003%～43.8%，均值10.509%，波动很大。*Mz*、*Md*平均值，粉砂和砂的平均含量均为孔深9.9～55.7 m段中的最大值，而黏土的含量最少，粒度参数垂向变化幅度最大。

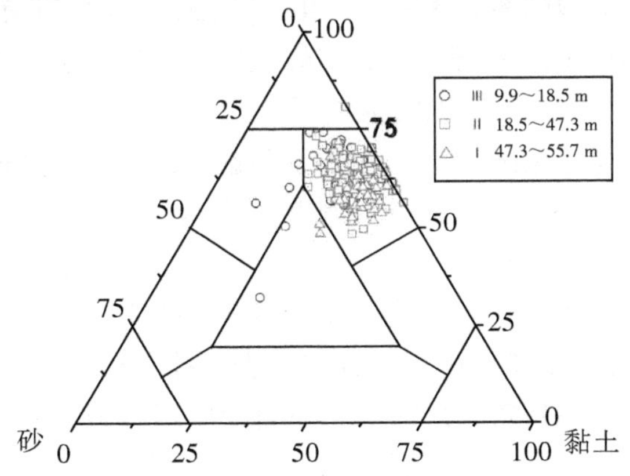

图4-6　HYZK5孔孔深9.9～55.7 m段粒度组成三角图

4.3.2 粒度频率曲线

粒度频率曲线能够直观、清晰地反映粒度分布特征，如粒度分布范围、各粒级碎屑的百分含量、粒级组分含量最高（或最低）值、粒度分选好坏等。根据HYZK5孔的粒度频率曲线的峰值、峰的多少和宽窄，可以归纳为如下的六种类型（图4-7）：

A型：双高峰型，细端为主峰，粗端为次主峰，主峰和次主峰的频率值均较高，除此之外，还有一个特点就是除了这两个频率值较高的峰，还有一个频率值很低的峰。从垂向上来看，A型频率曲线在Ⅰ、Ⅱ、Ⅲ三个亚层中都有分布。

B型：宽峰型，主峰值低而且峰很宽，另外还出现两个频率值很低的峰。B型频率曲线主要分布在Ⅰ亚层。

C型：三峰型，细端为主峰，粗端为两个次主峰，主峰和次主峰的频率值相差较大，最粗的尾端峰值较高。C型频率曲线在Ⅰ、Ⅱ、Ⅲ三个亚层中均有分布。

D型：极高双峰型，细端为主峰，峰值极高，频率>3.4%，粗端为次主峰，次主峰的频率值>0.5。从垂向上来看，D型频率曲线在Ⅰ、Ⅱ、Ⅲ三个亚层中都有分布。

E型：高主峰极低次主峰型，细端为主峰，峰值较高，粗端为次主峰，次主峰的频率值<0.5。从垂向上来看，E型频率曲线在Ⅰ、Ⅱ、Ⅲ三个亚层中都有分布。

F型：单峰或粗端双峰型，与上述类型最大的不同表现在粗端出现明显的主峰。从垂向上来看，F型频率曲线在Ⅰ、Ⅱ、Ⅲ三个亚层中都有分布。

从沉积学的角度来说，一般认为，双峰频率曲线代表混合物沉积，分选中差或差，如果两峰相距较近，峰值也较高，代表分选较好；相反，两峰相距远，峰值低，分选也就差。多峰频率曲线一般表示分选差，往往是多种来源沉积物混合的，常为冰川沉积，也有河流沉积或洪积物，曲线总的展开度很大，峰值很低，分选很差。

总的来说，六种类型中，除B型（宽峰型）频率曲线仅在Ⅰ亚层出现外，其他类型在Ⅰ、Ⅱ、Ⅲ三个亚层中都有分布，表明孔深9.9～55.7 m段沉积环境变化的复杂性和波动性。HYZK5孔粒度频率曲线以双峰或三峰为主，而且在Ⅰ、Ⅱ、Ⅲ三个亚层中都有分布，表明在9.9～55.7 m孔深范围内，粒度分选性较差，水动力较弱。与其他类型相比，F型（单峰或粗端双峰型）曲线分选性较好。除极少数样品的主峰对应的粒径值>40 μm外，绝大多数样品的主峰对应的粒径值在4～40 μm之间，反映了沉积物组分以粉砂为主的特征。

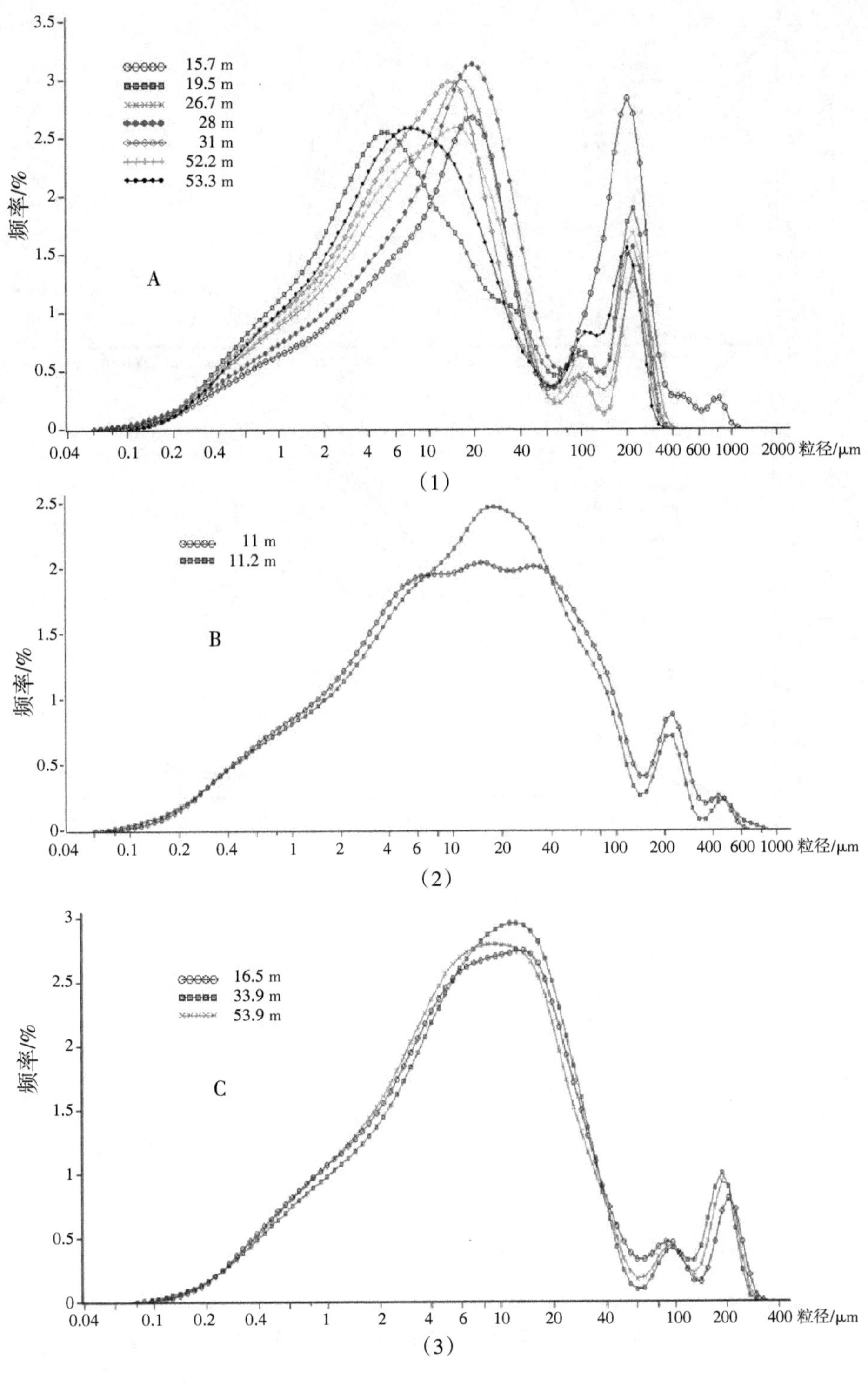

15.7 m
19.5 m
26.7 m
28 m
31 m
52.2 m
53.3 m
A
频率/%
粒径/μm
(1)
11 m
11.2 m
B
频率/%
粒径/μm
(2)
16.5 m
33.9 m
53.9 m
C
频率/%
粒径/μm
(3)

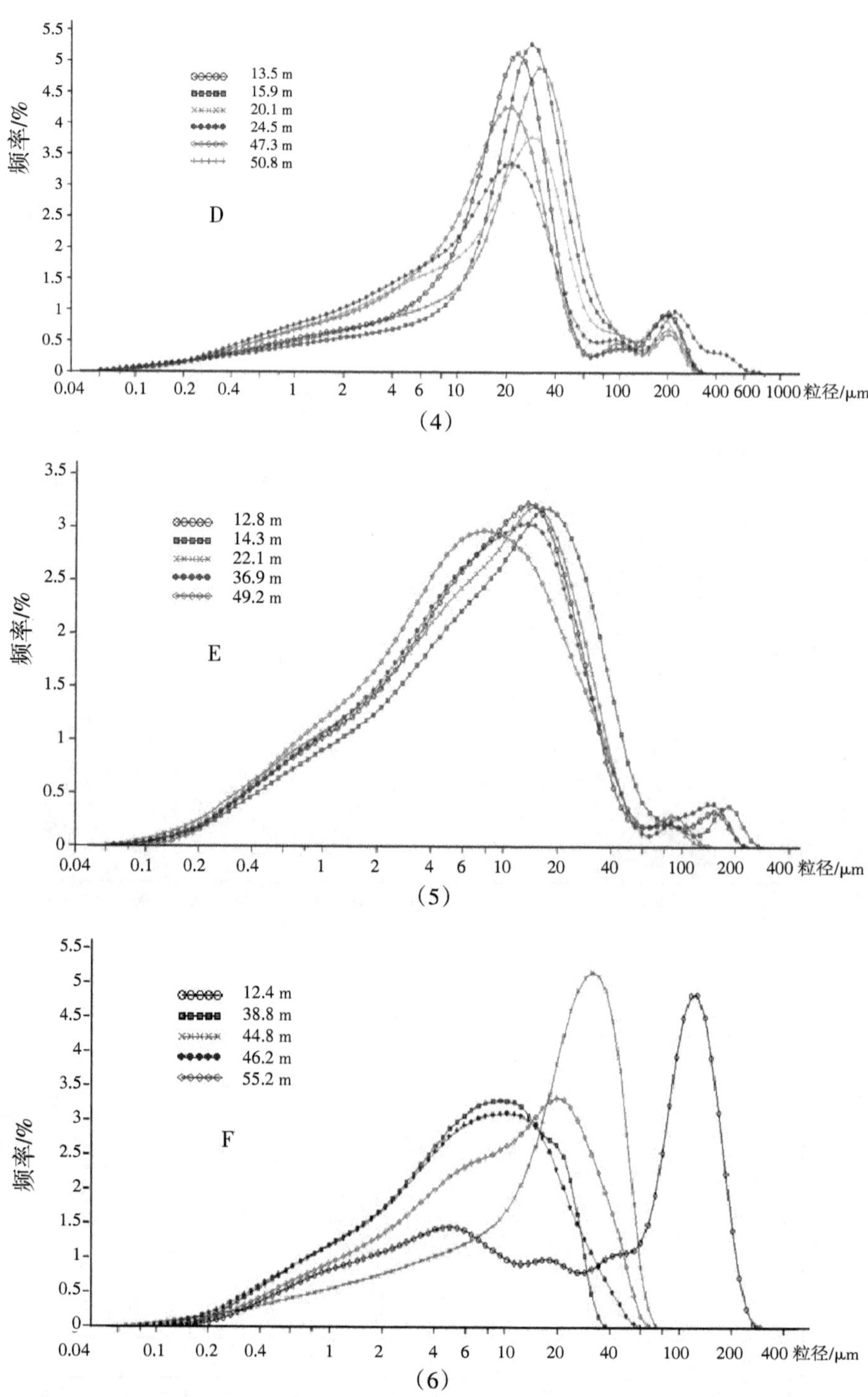

图4-7 HYZK5孔孔深9.9～55.7 m段粒度频率曲线的六种类型

4.3.3 标准偏差σ、偏度S_k和峰度K_G

标准偏差σ、偏度S_k和峰度K_G可以定量反映粒度的分布特征，其中标准偏差σ是用来表示颗粒大小均匀程度的参数，即反映沉积物的分选程度，标准偏差数值越大，表示其分选程度越差，反映了较强的水动力条件；偏度S_k是用来表示频率曲线对称性的参数，实质上反映了粒度分布的不对称程度，可以指示沉积物中粗细颗粒占有的比例；峰度K_G是用来衡量粒度频率曲线尖锐程度的参数，可以反映峰所对应的粒级含量的多少。

Folk和Ward（1957）提出了用标准偏差σ确定分选程度的7个分级标准：$\sigma<0.35$，分选极好；σ=0.35～0.50，分选好；σ=0.50～0.71，分选较好；σ=0.71～1.00，分选中等；σ=1.00～2.00，分选较差；σ=2.00～4.00，分选很差；$\sigma>4.00$，分选极差。根据这一标准，从图4-8和表4-2可以看出，孔深9.9～55.7 m段范围内，σ在1.691～2.816之间波动，平均值为2.173，说明该段粒度的分选性处于较差到很差程度，总体上分选很差。

通常偏度的分级标准为：S_k为－1～－0.3，很负偏；S_k为－0.3～－0.1，负偏；S_k为－0.1～＋0.1，近对称；S_k为＋0.1～＋0.3，正偏；S_k为＋0.3～＋1，很正偏。表4-2显示，孔深9.9～55.7 m段范围内，偏度S_k在-0.169～0.524波动，平均值为0.138，总体上来说处于正偏状态。整个C层黏土含量有向上减少而且Mz向上增加的趋势，因此孔深41 m为浅层位，绝大多数样品都呈正偏态（图4-8）。图4-7所示的粒度频率曲线的粗端大多带有一个或两个次主峰非常直观地表明整个C层以正偏态为主的特征。从表4-1可以看出，孔深9.9～55.7 m段Ⅰ、Ⅱ、Ⅲ三个亚层的Mz比Md都要大得多，与粒度频率曲线的粗端出现次主峰的特征是相吻合的。

从图4-8还可以看出，就整个C层而言，负偏较多的样品主要集中在孔深41 m以深层位，尤其是Ⅰ亚层有30.3%的样品为负偏态，而在孔深41 m为浅层位，96%的样品都呈正偏态。从偏度的定义上来说，细粒组分的增加就可能使得偏度为负值。Ⅰ亚层的黏土含量在三个亚层中最高，因而发生负偏的频率较高，而且发生负偏的部位细颗粒组分都较高。

峰度是用来衡量粒度频率曲线尖锐程度的参数。峰度值取决于频率曲线尾部展开度与中部展开度之比。值越大，峰越尖；值越小，峰越平。$K_G<0.67$，很平坦；K_G=0.67～0.90，平坦；K_G=0.90～1.11，中等（正态）；K_G=1.11～1.56，尖锐；K_G=1.56～3.00，很尖锐；$K_G>3.00$，非常尖锐。从表4-2和图4-8来看，孔深9.9～55.7 m段范围内，峰度K_G在0.686～1.745之间波动，平均值为1.131，总体上来说峰尖锐，这与该段沉积物组分中以粉砂为主（均值61.9%）的特征是吻合的。从图4-8可以看出，Ⅲ亚层峰度的变化幅度较大，介于0.686～1.745之间波动，从平坦到很尖锐的峰态都有分布，表明Ⅲ亚层沉积环境在三个亚层中最不稳定，其中12.4 m和15.7 m处的两个样品峰度值最小，分别为0.686和0.808，这与两者的粉砂含量较低而砂含量相对较高有关。从图4-7所示的频率曲线看出两者有较为突出的双峰；13.5 m和15.9 m处的两个样品峰度值最大，分别为1.652和1.745，这与两者的粉砂含量均很高（>74%）有关，从图4-7所示的频率曲线看出两者有很突出的主峰。

表4-2　HYZK5孔孔深9.9～55.7 m段标准偏差σ、偏度S_k和峰度K_G比较

参数	变化范围	标准偏差σ	偏度S_k	峰度K_G
Ⅲ 9.9～18.5 m	均值	2.167	0.214	1.124
	最大	2.816	0.406	1.745
	最小	1.860	−0.010	0.686
Ⅱ 18.5～47.3 m	均值	2.167	0.140	1.124
	最大	2.631	0.524	1.441
	最小	1.691	−0.169	0.916
Ⅰ 47.3～55.7 m	均值	2.200	0.050	1.164
	最大	2.775	0.298	1.329
	最小	1.775	−0.131	0.919
C层 9.9～55.7 m	均值	2.173	0.138	1.131
	最大	2.816	0.524	1.745
	最小	1.691	−0.169	0.686

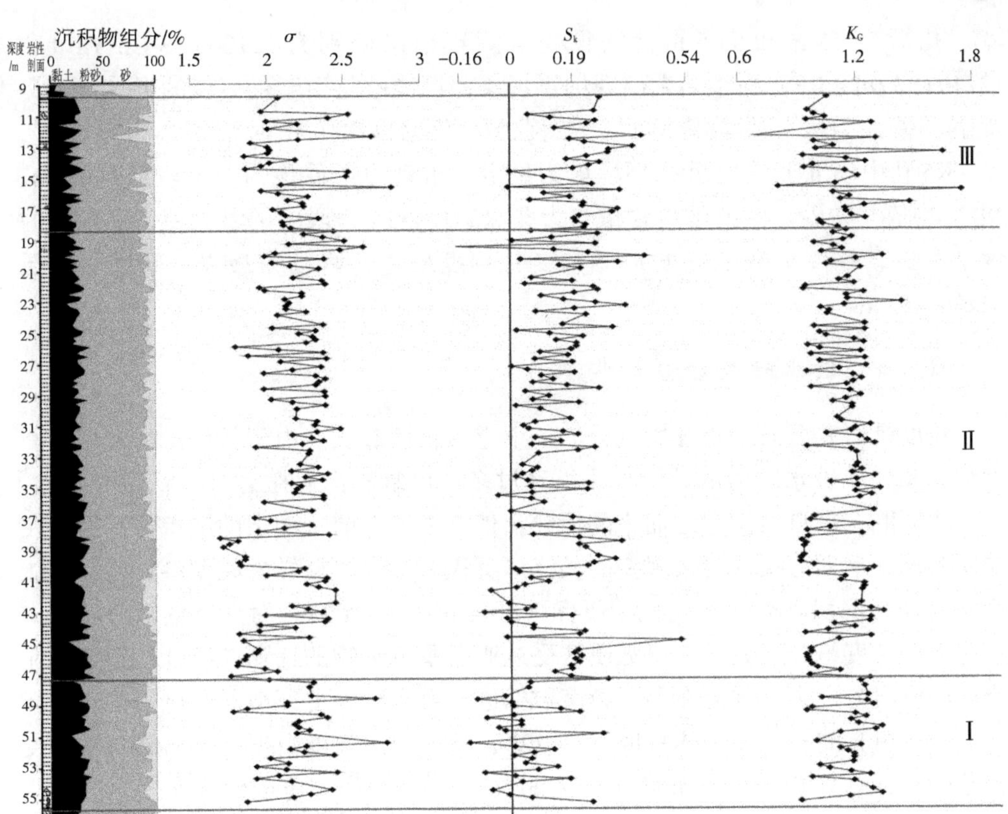

图4-8　HYZK5孔孔深9.9～55.7 m段标准偏差σ、偏度S_k和峰度K_G的垂向变化

小结：位于长江口外水下三角洲的HYZK5孔，其沉积物主要来源于长江流域河道带来的泥沙沉积物（Yang et al，2006），其粒径的大小和分布受沉积物粒度的大小和分布、沉积物的来源、搬运动力和沉积环境等因素控制（成都地质学院陕北队，1976）。如前所述，HYZK5孔孔深9.9～55.7 m段岩性变化不大，沉积环境为较稳定的三角洲前缘或河口湾－浅海相沉积。该段沉积物组分以粉砂为主，属于黏土质粉砂，其粒径由下向上趋于增大，表明水动力由下向上有增大的趋势。下段Ⅰ亚层与中段Ⅱ亚层相比，虽然两者的*Mz*和*Md*的均值非常相似，没有多大变化，但下段Ⅰ亚层砂、黏土含量稍高，粉砂含量较低，沉积物组成变幅较大；底部见有大贝壳和泥质结核，出现以灰色泥为主的薄层粉砂或砂夹层和团块，微波状层理和透镜状层理，这些沉积特征可能反映了下段Ⅰ亚层所在层位水深较浅，受径流、波浪、潮汐、风暴潮等水动力因素的影响，水动力较强。结合海平面的变化，在12000 cal a BP前，海平面处于现今海面以下60～65 m（Liu et al，2004）。本书认为下段Ⅰ亚层的沉积环境可能为受海侵影响的河口湾滨岸环

境，孔深55.75 m和55.5 m处的贝壳样测年结果分别为12100±33 cal a BP和12740±33 cal a BP，测年结果出现倒置现象，可能就是由于受海侵的影响，水深较小，侵蚀力较强，较老的贝壳被侵蚀、搬运再次沉积的结果。相对而言，HYZK5孔中段Ⅱ亚层的沉积环境最为稳定，水动力条件最弱；上段Ⅲ亚层*Mz*、*Md*平均值、粉砂、砂的平均含量均为孔深9.9～55.7 m段中的最大值，而黏土的含量最少，粒度参数和峰度K_G垂向变化幅度最大，水动力最强；下段Ⅰ亚层次之。

4.3.4 敏感粒级组分的提取

粒度是研究海洋沉积环境变化的一个重要物理参数。由于长江口水下三角洲沉积物是在多种水动力的共同作用下经过多次反复淘洗、搬运、沉积而形成的，而且物源既有来自河流搬运而来的泥沙，也有来自先前海洋中的沉积物，因而在物源多样、水动力条件复杂多变的长江口沉积环境中，全样的粒度参数显然只能近似地作为沉积环境变化的代用指标（Prins et al，2000）。而具有重要的环境指示意义的粒度组分（如长江口泥质区受东亚冬季风影响的细颗粒组分）则叠加在全样粒度组分之中。因此在利用粒度数据进行海洋沉积古环境研究时，必须进行环境敏感组分的提取和子体粒度组分分离，从复杂的粒度数据中分离出某一粒度组分的特征（如众数、分布范围、含量等），再详细研究不同组分所代表的地质环境意义，进而根据其在沉积序列中的变化推断气候环境的演化历史（向荣等，2005）。

依据沉积物所包含的粒度组分和分布范围来追溯沉积物输运过程和沉积环境变化，已被较好地应用于阿拉伯海、中国南海、冲绳海槽和东海内陆架（孙有斌等，2003）。特别是在东海内陆架泥质区敏感粒级组分的提取，前人已经做了大量的研究实践，取得了不少成果。肖尚斌等（2005）通过对东海内陆架泥质区沉积物敏感粒级组分的提取，认为细粒组分（<45 μm）可能是东海冬季沿岸流携带的悬浮体沉降的结果，而>45 μm的粗粒组分则起因于风暴，为风暴流携带的沉积物。向荣等（2005）对东海陆架济州岛西南泥质区的研究结果表明，10.5～65.6μm粒度组分对环境变化最敏感，据其平均粒径和含量变化恢复的近2000 a来东亚冬季风变化和中国东部气候变化序列具有很好的一致性，可以作为东亚冬季风的替代性指标（葛全胜等，2002）。

本书依据孙有斌等（2003）和向荣等（2005）提取敏感粒度组分时所使用的粒级－标准偏差方法计算了敏感粒度组分的个数和分布范围。考虑到HYZK5孔C层为前三角洲相或河口湾－浅海相泥质沉积，尤其是16.9～54.9 m段沉积物粒度组成较为稳定，χ_{lf}和χ_{fd}波动幅度很小，从沉积物粒度组分来看，黏土、粉砂的平均含量分别为30.5%和61.6%，岩性为黏土质粉砂，与长江口泥质沉积一样，表现为较为稳定的沉积环境。均质泥说明其沉积环境相对稳定，风暴潮、浊流沉积等强水动力条件影响较少，是研究古气候古环境演化的良好材料。长江口水深12 m以浅范围内，地势平坦，坡降小，发生浊流沉积的可能性小，因而是研究气候海平面等古环境变化的良好场所。因此本书对16.9～54.9 m段163个样品进行了粒级－标准偏差分析。图4-9所示的粒级-标准偏差变化曲线表明：在16.9～54.9 m段，出现四个标准偏差较高值，对应的粒级代表不同的粒度组分的众数。根据众数和曲线的变化，四个粒度组分范围是：<12.99 μm（组分1）、12.99～83.89 μm（组分2）、83.89～309.63 μm（组分3）和>309.63 μm（组分4）。其中组分2的标准偏差值最高，组分4的标准偏差值最低。根据各组分粒度的分布范围，可以计算出各组分的百分含量和平均粒径，如图4-10所示。

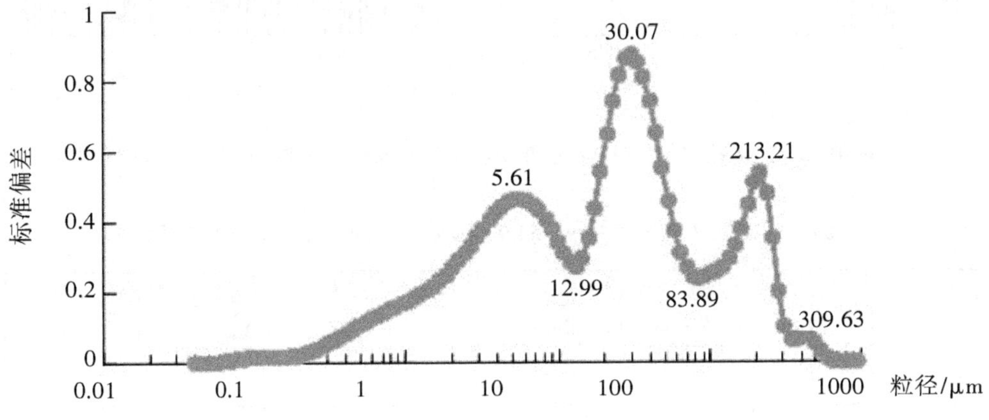

图4-9　HYZK5孔16.9～54.9 m段粒级-标准偏差变化曲线

组分1属于细组分，虽然粒度含量平均值最大（63.3%），波动幅度很大(32.52%～84.85%)，但是其平均粒径变化不大，相对稳定，与其百分含量的变化不具有相似性，组分1的百分含量与整个岩芯的平均粒径的相关系数是-0.701(表4-3)，呈显著负相关。组分4属于超粗组分，粒径含量很少，平均值仅为0.086%，最大值为2.28%，而且标准偏差值最小。因此组分1和组分4可以认为是对环境变化不敏感的组分或者是由其他敏感组分引起的被动变化。

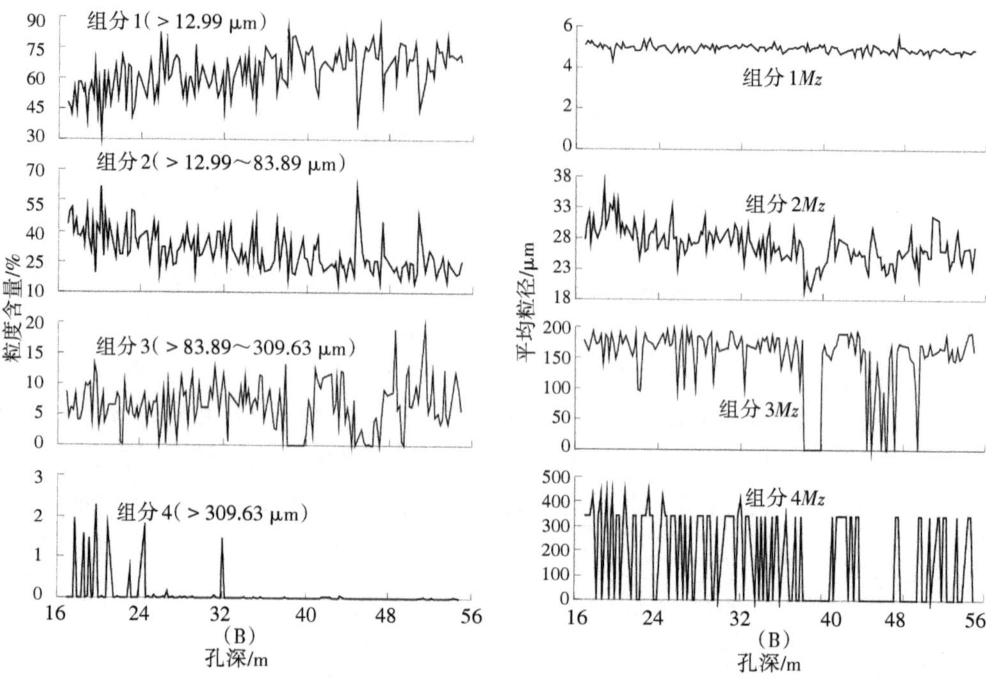

图4-10　HYZK5孔16.9～54.9 m段四个粒度组分含量(A)和平均粒径的变化(B)

表4-3　HYZK5孔孔深16.9～54.9 m段敏感粒级组分之间的相关系数

	组分1 /%	组分 2/%	组分3 /%	组分4 /%	组分1 *Mz*	组分2 *Mz*	组分3 *Mz*	组分4 *Mz*	岩芯 *Mz*
组分1/%	1								
组分2/%	−0.924	1							
组分3/%	−0.358	−0.023	1						
组分4/%	−0.326	0.241	0.182	1					
组分1*Mz*	−0.660	0.693	0.040	0.139	1				
组分2*Mz*	−0.821	0.689	0.465	0.294	0.237	1			
组分3*Mz*	−0.410	0.159	0.690	0.155	0.136	0.520	1		
组分4*Mz*	−0.495	0.274	0.616	0.341	0.259	0.431	0.543	1	
岩芯*Mz*	−0.701	0.384	0.883	0.457	0.287	0.713	0.694	0.740	1

就组分2和组分3而言，各个组分的百分含量与平均粒径变化波动均很明显，具有相似的变化趋势，而且两者之间的相关系数基本相当（表4-3）。组分2百分含量的平均值为30.25%，波动范围14.11%～61.54%，组分3百分含量的平均值为6.4%，波动范围0%～19.84%，但它与整个岩芯*Mz*的相关系数要比组分2大，其主要原因是组分3（83.89～309.63 mm）的粒径很大，因此其含量的微弱变动，就会对*Mz*产生很大的影响。不过与组分3相比，组分2标准偏差峰值较大，而且平均含量是组分3的5倍，波动幅度也比组分3要大。据肖尚斌等（2005）的研究，<45 μm的细粒组分可能是东海冬季沿岸流携带的悬浮体沉降的结果，而>45 μm的粗粒组分则起因于风暴，为风暴流携带的沉积物，向荣等（2005）认为，10.5～65.6 μm粒度组分对环境变化最敏感。因此本书认为12.99～83.89 mm（组分2）为对环境最为敏感的组分，83.89～309.63 mm（组分3）是在强大的风暴潮作用下带来的粗粒沉积物。

前面已经说过，长江口黏土质粉砂沉积物的主要来源（孔深9 m以浅段显然与人类的频繁活动密切相关）是长江径流所带来的泥沙。但是长江口的悬浮物质并非全部在长江口区沉积下来，长江口沉降的泥沙以粉砂为主，更细小的黏土物质还要向东向南扩散，而且其沉降后，还要受到冬季风引起的风暴潮以及波浪、潮汐等动力的强烈改造。所以，长江径流带来的长江口泥沙沉积物最终被改造，留下来的痕迹是受强烈冬季风改造过的产物。所以，一般反映的还是冬季风的变化。冬季风越强烈，粒径越粗，含量越大。HYZK5孔的沉积物为长江径流带来的表层沉积物在冬季风的再侵蚀、再悬浮、再搬运后的剩余产物，冬季风强烈时，带走的细颗粒物质较多，剩余的颗粒较粗，反之则反。在HYZK5孔C层下部的Ⅰ亚层，粒径较细；在上部的Ⅲ亚层，粒径较粗，反映了由Ⅰ亚层到Ⅲ亚层长江口冬季风的强度在增强。这种沉积特征可能反映在全新世的早期，夏季风较强，带来了大量的细颗粒沉积物，加上当时冬季风较弱，沉积物受到的侵蚀改造程度较小，因而下部的颗粒较细。但是这一解释难以说明在全新世大暖期夏季风最强烈的19～23 m段黏土含量却很小的事实。因而本书认为HYZK5孔敏感粒级组分并不能直接反映夏季风或者冬季风的演化，其粒度的大小和结构受气候、径流、潮流、波浪以及沉积地貌环境等因素的制约，是以上诸因素共同作用的产物，沉积物粒度可以反映水动力强度的变化。

4.4 磁化率

4.4.1 磁化率指标的环境意义

质量磁化率χ（简称磁化率）是指样品的低频弱磁场磁化率与所测样品质量之比，常用作铁磁性矿物含量的粗略量度，其大小取决于沉积物中铁磁性矿物的种类、含量及粒径。对水环境中的碎屑沉积物而言，物源、沉积动力以及沉积后的次生变化都会影响沉积物中磁性矿物的类型、晶粒大小和含量（张卫国等，2002）。磁化率的强弱主要取决于粗颗粒的磁性矿物（如多畴和大的准单畴），但非常小的超顺磁颗粒也会对磁化率有明显的贡献。

频率磁化率（χ_{fd}）：是指样品在低频（0.47 kHz）磁场中和高频（4.7 kHz）磁场中的磁化率值的相对差值，即χ_{fd}（%）=（$\chi_{lf}-\chi_{hf}$）/$\chi_{lf}\times100\%$，反映了超顺磁（SP）晶粒对磁化率的贡献（Thompson et al，1986）

4.4.2 实验结果分析

HYZK5孔孔深9.9～55.7 m段沉积物磁化率测试结果如表4-4和图4-11所示，该段χ平均值为27.62×10^{-8} $m^3\cdot kg^{-1}$，介于22.70×10^{-8}～48.39×10^{-8} $m^3\cdot kg^{-1}$波动；频率磁化率（χ_{fd}）平均值为0.14%，最大值仅为1.83%，而且191个样品中有129个样品的χ_{fd}值为零，占总数的67.5%，尤以该段的中下部零值居多。在长江口崇明岛CY孔中也有类似现象，CY孔许多层位的样品χ_{fd}为零，平均值仅为1.1%，说明沉积物中超顺磁含量极少（贾海林等，2004）。总体来看，孔深9.9～55.7 m段χ和χ_{fd}的垂向变幅较小，但上部变幅较大。χ与*Mz*、*Md*变化趋势一致，呈现向上增大的趋势。结合粒度的变化，χ和χ_{fd}在三个亚层中的垂向变化特征（图4-11）为：

Ⅰ（47.3～55.7 m）：χ介于22.70×10^{-8}～29.03×10^{-8} $m^3\cdot kg^{-1}$之间变化，均值24.75×10^{-8} $m^3\cdot kg^{-1}$，波动较小，但在底部53.7～55.7 m处的值明显偏高；而χ_{fd}在0～1.19%之间变化，均值0.12%，呈现较大较快的波动。

Ⅱ（18.5～47.3 m）：χ介于22.97×10^{-8}～34.96×10^{-8} $m^3\cdot kg^{-1}$变化，均值26.88×10^{-8} $m^3\cdot kg^{-1}$，波幅很小，呈现缓慢向上增大的趋势，在上部26.8～18.5 m波动较为明显；χ_{fd}在0～0.66%变化，均值0.06%，波动很小。

Ⅲ（9.9～18.5 m）：χ介于27.71×10^{-8}～48.39×10^{-8} $m^3\cdot kg^{-1}$之间变化，均值32.95×10^{-8} $m^3\cdot kg^{-1}$，波幅最大，χ的均值、标准偏差和变异系数均为C层段的最

大值；χ_{fd}在0%～1.83%变化，均值0.43%，分别是Ⅰ、Ⅱ层均值的3.6倍和7倍，波动很大，均值、标准偏差均为C层段的最大值。

表4-4 HYZK5孔孔深9.9～55.7 m段磁化率特征（$n=191$）

<table>
<tr><th>参数</th><th>变化范围</th><th>$\chi\times10^{-8}/m^3\cdot kg^{-1}$</th><th>标准偏差</th><th>变异系数</th><th>χ_{fd}/%</th><th>标准偏差</th><th>变异系数</th></tr>
<tr><td rowspan="3">Ⅲ
9.9～18.5 m</td><td>均值</td><td>32.95</td><td rowspan="3">4.00</td><td rowspan="3">0.12</td><td>0.43</td><td rowspan="3">0.50</td><td rowspan="3">1.17</td></tr>
<tr><td>最大</td><td>48.39</td><td>1.83</td></tr>
<tr><td>最小</td><td>27.71</td><td>0</td></tr>
<tr><td rowspan="3">Ⅱ
18.5～47.3 m</td><td>均值</td><td>26.88</td><td rowspan="3">2.10</td><td rowspan="3">0.08</td><td>0.06</td><td rowspan="3">0.14</td><td rowspan="3">2.12</td></tr>
<tr><td>最大</td><td>34.96</td><td>0.66</td></tr>
<tr><td>最小</td><td>22.97</td><td>0</td></tr>
<tr><td rowspan="3">Ⅰ
47.3～55.7 m</td><td>均值</td><td>24.75</td><td rowspan="3">1.62</td><td rowspan="3">0.07</td><td>0.12</td><td rowspan="3">0.24</td><td rowspan="3">2.10</td></tr>
<tr><td>最大</td><td>29.03</td><td>1.19</td></tr>
<tr><td>最小</td><td>22.70</td><td>0</td></tr>
<tr><td rowspan="3">C层
-55.7～9.9 m</td><td>均值</td><td>27.62</td><td rowspan="3">3.63</td><td rowspan="3">0.13</td><td>0.14</td><td rowspan="3">0.29</td><td rowspan="3">2.09</td></tr>
<tr><td>最大</td><td>48.39</td><td>1.83</td></tr>
<tr><td>最小</td><td>22.70</td><td>0</td></tr>
</table>

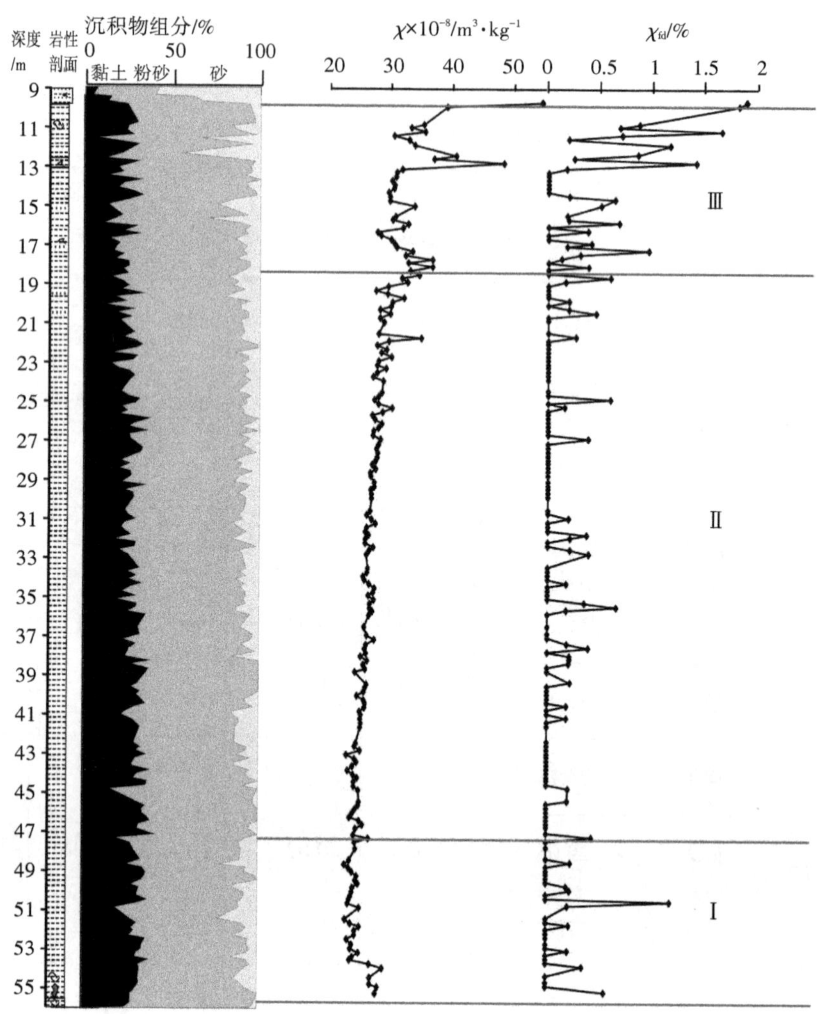

图4-11　HYZK5孔孔深9.9～55.7 m段磁化率的垂向变化

4.4.3　磁化率与粒度之间的关系

沉积物粒径与磁化率之间的关系密切，是影响磁化率的重要因素（贾海林等，2004）。前人研究成果已经证实，长江口潮滩沉积物（张卫国等，2002）、长江口水下三角洲（张卫国等，2007）、长江中下游河道沉积物（王辉等，2008）的磁性矿物由粒径较大的多畴－假单畴所主导，而假单畴-多畴磁铁矿多集中在粉砂、砂粒中（张卫国等，2002）。HYZK5孔位于长江口外的水下三角洲，其沉积物主要来源于长江流域河道带来的泥沙沉积物（Yang et al，2006）。

表4-5　HYZK5孔孔深9.9～55.7 m段χ平均值随不同粒级组成的变化($n=191$)

>63μm/%	<5	5～10	10～15	15～20	>20
$\chi\times10^{-8}/m^3\cdot kg^{-1}$	27.102	27.494	27.510	30.540	30.544
< 4μm/%	<20	20～30	30～35	35～40	>40
$\chi\times10^{-8}/m^3\cdot kg^{-1}$	31.182	28.728	26.882	25.308	24.449
粉砂/%	30～55	55～60	60～65	65～70	>70
$\chi\times10^{-8}/m^3\cdot kg^{-1}$	25.880	26.251	27.753	29.326	29.048
Mz/μm	<10	10～20	20～30	30～40	>40
$\chi\times10^{-8}/m^3\cdot kg^{-1}$	25.119	27.334	27.334	27.924	32.003
Md/μm	<10	10～15	15～20	>20	
$\chi\times10^{-8}/m^3\cdot kg^{-1}$	26.353	28.829	29.552	34.174	

表4-6　HYZK5孔孔深9.9～55.7 m段χ平均值与粒度之间的相关系数($n=191$)

参数	Ⅲ 9.9～18.5 m	Ⅱ 18.5～47.3 m	Ⅰ 47.3～55.7 m	C层 9.9～55.7 m
χ与砂	0.188	0.324	−0.336	0.240
χ与黏土	0.048	−0.478	−0.213	−0.466
χ与粉砂	−0.265	0.230	0.485	0.233
χ与*Mz*	0.055	0.405	−0.191	0.303
χ与*Md*	0.168	0.493	0.170	0.511
χ与χ_{fd}/%	0.624	0.169	0.136	0.560

从表4-5不同粒级组成沉积物的χ平均值的变化中可以看出，砂的含量越高，χ越大；反之，黏土的含量越高，χ越小；与砂的含量一样，χ与*Mz*、*Md*之间也表现为正相关。参照C层段平均值为$27.62\times10^{-8}\ m^3\cdot kg^{-1}$，C层段的磁性矿物主要赋存于颗粒较粗的砂中，其次是粉砂中，而在黏土中的含量较少。底部53.7～

55.7 m处χ值明显偏高，可能反映了其水动力较强，与其底部界面为明显的不规则接触侵蚀面，在侵蚀面之上出现泥质结核与大贝壳等沉积特征完全吻合。

从表4-6可以看出，对整个C层而言，虽然χ平均值与各粒度参数之间的相关系数均较小，但也大致反映了χ与黏土呈负相关，与其他参数呈正相关，尤其与*Md*之间的相关系数最高。但是在各亚层，却有很大的差异：Ⅲ亚层χ平均值与各粒度参数之间的相关系数均很差，Ⅲ亚层χ均值与黏土呈微弱的正相关，但χ却与Ⅰ、Ⅱ亚层黏土呈负相关。Ⅲ亚层和Ⅰ、Ⅱ亚层χ均值与黏土之间的相关性出现相反的现象，可能与其超顺磁颗粒对磁化率的贡献不同有关。

频率磁化率χ_{fd}指示超顺磁颗粒的多少，但是超顺磁（SP）晶粒还会受到后期成岩作用的改造（张卫国等，2007）。早期成岩作用对磁性特征的影响，已在海洋、湖泊沉积物中得到广泛证实（Robinson et al，2000），通常表现为还原环境下磁铁矿的选择性溶解，其中细晶粒磁性颗粒优先溶解，引起沉积物中磁性矿物类型、含量和颗粒大小的变化（Karlin et al，1983），从而导致磁化率会降低。表4-6显示，Ⅲ亚层χ与χ_{fd}间的相关系数远高于下部的Ⅰ和Ⅱ亚层，可能与早期成岩作用导致下部超顺磁颗粒的选择性溶解有关（Robinson et al，2000）。在下部的Ⅰ和Ⅱ亚层，其还原程度高于上部的Ⅲ亚层，因而超顺磁颗粒的选择性溶解较高，χ与χ_{fd}间的相关系数小于Ⅲ亚层。

在Ⅲ亚层，虽然χ_{fd}最大值1.83%<2%，而且67.5%的样品χ_{fd}为零，表明沉积物中超顺磁矿物很少（Oldfield，1991）。但χ和χ_{fd}均为C层段的最高值，分别是Ⅰ、Ⅱ层均值的3.6倍和7倍，同时χ和χ_{fd}两者之间的相关系数较高，为0.624，因而与Ⅰ、Ⅱ层更低的χ_{fd}相比，Ⅲ亚层超顺磁颗粒对磁化率的大小有一定的贡献，最终导致Ⅲ亚层与Ⅰ、Ⅱ亚层χ均值与黏土之间的相关性出现相反的现象，当然对磁化率影响最大的可能是沉积来源。

小结：C层段的磁性矿物主要赋存于颗粒较粗的砂中，其次是粉砂中，而在黏土中的含量较少。上部Ⅲ亚层χ与χ_{fd}远高于下部的Ⅰ和Ⅱ亚层；Ⅲ亚层与Ⅰ、Ⅱ亚层χ均值与黏土之间的相关性出现相反的现象，与Ⅲ亚层超顺磁颗粒对磁化率的贡献有关。Ⅲ亚层χ值最大且变幅最大，粒径最大，表明其水动力最强；Ⅱ层χ值变化和缓，表明其沉积环境较为稳定。Ⅰ层底部53.7～55.7 m处χ值明显偏高，可能反映了海侵初期在径流和潮流的双向水流作用下较强的水动力环境。B层和C层的交界处，其接触面为侵蚀面，在侵蚀面之上存在结核和贝壳，推测其沉积环境为海平面开始上升之处，在海水与径流较强的双向水流作用下，沉积了较粗的磁性矿物，当然其底部有机质含量较高的泥炭层也遭受侵蚀，在沉积动力减弱之时沉积下来，与较粗的颗粒混合，而泥炭本身为抗磁性物质（张卫国等，1995），致使Ⅰ亚层砂与χ之间的相关性最差（表4-6），呈负相关。

4.5　有孔虫丰度分析结果

4.5.1　微体古生物分析原理

微体古生物化石包括微体植物化石和微体动物化石，其中微体动物化石又包括有孔虫、放射虫、介形虫等。有孔虫是海相地层中最重要、种类最多、在世界范围内研究最广的一个门类。有孔虫是一类真核单细胞原生生物，除极少数代表如奇杆虫亚目的部分属种生活于淡水外，绝大多数生活于海底。有孔虫个体小、丰度大，具特征明显多变而易于保存的壳，因而在海陆过渡相和海洋沉积物中可以发现数量很多的有孔虫化石。现代海相沉积物中有丰富的有孔虫，其数量众多，为1000～2500000个/m^2，地理分布广泛并具有明显的规律性，是恢复古地理的良好标志（李智勇，2005）。

现代有孔虫依据其生活方式可以分为两类：一类是浮游类，该类有孔虫在水中可以控制自己的位置。浮游有孔虫与外海的关系十分密切，主要分布在大陆架以外，化石数量随着其活动范围与大陆架的距离的增大而增大；大陆坡以外，浮游有孔虫占绝对优势，含量超过90%。浮游有孔虫活动范围较少受地带性影响，对比时所受局限性也较少。二类是底栖类，它们生活在海底，有时分布在海底沉积物最上层的几厘米之中。底栖有孔虫的生存极大程度上受物理因素（深度、温度、光度、混浊度、水的振荡性和海底沉积物的性质）、化学性质（盐度、有用元素）以及生物因素（食物量、共生、寄生和捕食生物）所控制。因此，底栖有孔虫化石有助于恢复古地理环境。

绝大多数有孔虫生活在正常盐度的海洋之中，具有窄盐性。只有少数属种可以在盐度偏高或偏低的海洋中，生活在盐度偏低水域中的有孔虫，常称为半咸水有孔虫组合，它们主要生活在海陆过渡相环境中。这种过渡相包括河口、泻湖等滨海边缘水域，也包括海侵后残留的湖海、盐湖或地下水盆地。

半咸水有孔虫组合具有以下特征（李智勇，2005）：

（1）都是广盐性的种属，可以生活在淡水水域中；

（2）动物群分异度低而丰度高，即有孔虫种属单调，但个体往往很多；

（3）壳型畸变很普遍，壳体普遍小而薄；

（4）半咸水或广域性介形虫共生。

4.5.2 有孔虫丰度的垂向分布特征

有孔虫丰度是指单位质量或单位体积中有孔虫的数量。本书有孔虫丰度是指50 g干样中有孔虫的数量。有孔虫的生态环境和死亡后的沉积环境（温度、盐度、水深、底质、光照、食物、水动力等）都会影响有孔虫的丰度（朱晓东，1993），因而有孔虫丰度的变化可以指示沉积环境的变化。

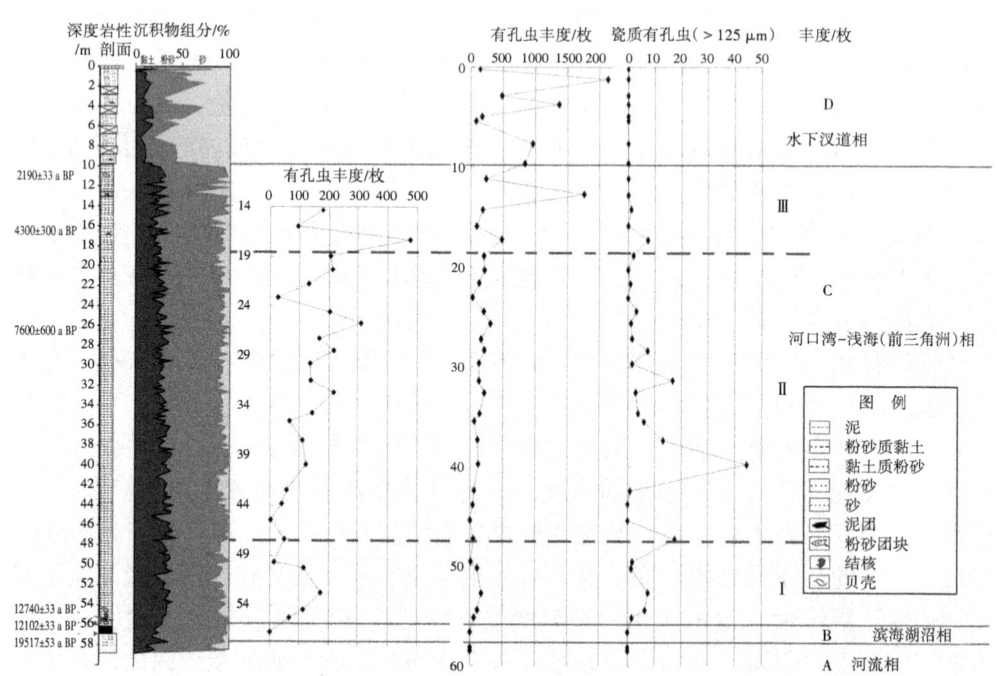

图4-12 HYZK5孔有孔虫丰度的垂向变化

HYZK5孔有孔虫丰度的垂向变化如图4-12所示，在A层河流相和B层滨海湖沼相沉积层中不含有孔虫，表明此时钻孔尚处于陆相环境，没有受到海水的影响。有孔虫数量自C层底部向上呈现增多的趋势，但在河口湾－浅海相（前三角洲相）沉积层的底部，有孔虫丰度有一较大的变化：孔深50～55.5 m，有孔虫丰度较高，介于65～173枚之间波动；孔深42～50 m，有孔虫丰度下降，介于1～49枚之间波动。孔深42 m以浅层位，有孔虫丰度呈明显的增加趋势，在26～2129枚之间波动，只是在13 m以浅层位波动频繁，变化幅度很大。

瓷质有孔虫（>125 μm）的丰度垂向变化（图4-12）表明：除A层河流相和B层滨海湖沼相沉积层中不含有孔虫外，在孔深13 m以浅的样品中也没有发现瓷质有孔虫。而在孔深47.3 m、39.8 m、37.4 m和31.4 m处瓷质有孔虫的丰度出现极大值，均在10枚以上。

4.5.3 有孔虫丰度与海平面的变动

孔深55.7～58.7 m层段不含任何有孔虫（图4-12），表明此时钻孔处于陆相环境，没有受到海水的影响，海平面尚处于较低的位置。据研究（Liu et al，2004），在12000 cal a BP前，海平面位于-65 m以下。这一研究结果佐证了HYZK5孔55.7 m以深的A层和B层为淡水沉积环境。A层沉积物中发现的大量植物碎屑、小螺壳和棱角状的小砾石等沉积特征，进一步证实其处于河流相沉积环境。

C层底部开始出现有孔虫，表明HYZK5孔此时已经受到海水的侵袭。C层底部与下伏地层之间呈不规则接触，具明显的侵蚀面，底部55.5 m左右见到的大贝壳和泥质结核，是沉积间断的可靠标志。孔深55.75 m和55.5 m处大贝壳测年出现的倒置现象，正是海侵将较老的贝壳通过水动力的侵蚀、搬运而来的结果。有孔虫丰度分析结果还显示，C层底部有一较大的波动：与孔深50～55.5 m相比，孔深42～50 m有孔虫丰度为明显的低值区，尤其是在孔深45.4 m层位仅见1枚有孔虫，孔深42 m以浅层位，有孔虫丰度呈明显的增加趋势。有孔虫丰度的这一变化特征，可能表明末次冰消期以来海平面快速上升，约12000 cal a BP，HYZK5孔受到海水影响，在孔深42～50 m层段（11200—10000 cal a BP）海平面有过短暂的停顿，潮流对钻孔所在层位影响减小，致使有孔虫数量下降。前人研究也认为，末次冰消期全球海平面呈阶段性迅速上升，出现多次短暂的停顿（Liu et al，2004）。长江口发生大面积的海侵是在钻孔40 m以浅即约9500 cal a BP以来，海平面处于迅速上升时期，有孔虫丰度自下而上出现增大的趋势，海洋因素的影响增加。就全剖面而言，孔深28～40 m处瓷质有孔虫的丰度较高，可能表明该层段海水盐度较高，海水较深，同样显示了海洋因素影响的加强。孔深25.9～26.5 m层位*Mz*很小，孔深25.7 m有孔虫丰度很大，超过300枚，应为最大海侵时的沉积，同时26.4～26.5 m处的光释光测年为7.6±0.6 ka，因此可将全新世最高海面的界面置于25.9 m处。孔深13 m以浅层位有孔虫丰度波动频繁，变化幅度很大，可能与潮流、波浪、径流的复杂变化有关。李从先等（1998）研究认为，长江口潮流作用较强，河口有孔虫搬运作用强烈，埋葬群中多异地分子，枯水期与洪水期两者埋葬群的对比，更证实了这一点：洪水期径流量大增，潮流作用减弱，由海区携带进入有孔虫和海相介形虫的能力下降，埋葬群分异度尤其是有孔虫丰度较枯水期显著减少。因此HYZK5孔13 m以浅层位有孔虫的数量显著增长可能与后期潮流的作用显著增强有关。

4.6 有机碳氮及其同位素分析

4.6.1 有机碳氮指标的环境意义

沉积物中的有机质组成与沉积物物源、沉积环境和气候密切相关，其中总有机碳（*TOC*）与总氮（*TN*）含量的比值*TOC/TN*和有机碳同位素$\delta^{13}C$经常被用于判别物源、指示沉积环境和古气候的变化。

在大多数沉积物中，与有机氮相比，无机氮含量是可以忽略的，因而可以用总氮代替有机氮含量。比如在湖泊沉积环境研究中，*TOC/ TN*比值近似地代表沉积物中有机元素的组成已经得到广泛应用（Meyers，2003）。在海洋沉积物研究中，*TOC/ TN*比值的大小常被用来作为判断有机物的来源是海生还是陆生的依据。海洋沉积物中自生有机质的最终来源是浮游植物，浮游植物的碳、氮、磷的比为$C:N:P=106:16:1$，称为Redfield比，其中碳、氮比约为6.6，而陆源有机物的碳、氮比一般较高，可达20以上。海洋沉积物中陆源有机质所占的比例越高，碳、氮比就越大。Milliman等（1984）采用碳、氮比研究了冬季长江口区有机物的来源，认为悬浮物*TOC/TN*>12，主要是陆源，*TOC/TN*<8时主要是海洋生物来源，结果表明冬季长江口区颗粒有机物主要是陆源的。后来蔡德陵（1992）采用稳定性同位素法与碳、氮比两种方法对长江口区的颗粒有机物分别进行了判断，两种方法得出的结论一致，表明依据碳、氮比的大小判断颗粒有机物来源具有一定的可靠性。

一般来说，浮游生物的*TOC/TN*值较低，多小于10，而陆生高等植物的*TOC/TN*值较高，多在20～200之间变化（Krishnamurthy et al，1986）。来自于湖泊、河口和海洋环境中水生生物有机质*TOC/TN*比值多小于10 ，而陆源碎屑有机质*TOC/TN*则大于10～12，高等植物的*TOC/TN*比值在50以上（Meyers ，2003）。河口湾沉积物中有机碳的主要来源有两种：一是来自水生植物，主要是各种咸水、半咸水及淡水藻类；二是来自流域盆地的陆生植物，以有机质碎屑状态随淡水输入（李保华，2005）。由陆源输入的有机物碎屑的*TOC/TN*比通常要高于水生生物有机物，如细菌等物质*TOC/TN*比值分布在2.6～4.3，藻类的*TOC/TN*比值为4～10，浮游植物的*TOC/TN*比值是7.7～10.1，而陆源脉管植物为20以上（吴莹等，2002）。这种差别主要是由于藻类中缺少纤维素（不含氮）而蛋白质（含氮很高）很丰富，脉管植物则反之。因此，沉积物中有机元素*TOC/TN*比值可以指示不同类型植物来源，进而可反映气候环境特征。

沉积物中有机质的含量和存在形式相当复杂，它既受有机质的来源制约，也同沉积物粒度和黏土矿物组成以及埋藏成岩作用密切相关（蔡进功，2004）。Meyers（1997）认为，由于早期成岩过程可以改变*TOC/TN*比值，有时海洋沉积物具有低的*TOC/TN*比值，不一定说明其有机质来源于藻类，这种假象主要是因为沉积物吸附NH_4^+所致。钻孔沉积物中*TOC/TN*比值除受陆源有机质来源影响外，还受到粒度和沉积后成岩作用的控制，因此在使用*TOC/TN*比值指示有机质来源时应十分谨慎。

4.6.2 有机碳稳定同位素的环境意义

与*TOC/TN*比值受粒度影响不同，稳定同位素$\delta^{13}C$与粒度关系不大（Meyers，1997），而且通常认为在植物体死亡、埋藏过程中，具有很小的或者几乎没有碳同位素分馏，即$\delta^{13}C$较*TOC/TN*比值更不易受生物活动的影响（吴莹等，2002），更具有保守性（Thornton et al，1994）。因此有机质的$\delta^{13}C$值一直被认为能够提供准确的沉积物来源的信号（Arthur et al，1988），能够指示陆源植被的变化，同时也是气候变化的良好代用指标之一。

有机质$\delta^{13}C$示踪有机质来源的原理是不同来源有机质的$\delta^{13}C$值存在着较大的差异：陆生植物按照其光合作用方式的不同，可以分为C3 、C4 和CAM植物，由于它们光合作用途径不同而产生$\delta^{13}C$分馏的差异，这也是利用有机稳定碳同位素组成来推算古植被中C3 、C4 植物相对丰度，进而恢复古环境的理论基础（Cerling et al，1989）。C3植物光合作用的最初产物为三磷酸甘油醋，而C4植物光合作用的最初产物为四碳二羟酸，故相应地分别称为C3与C4植物。C3植物是陆源植物的优势类型，包括所有的陆生乔木、绝大多数灌木和草本植物。C3植物喜低辐射、低温度环境，在15～25 ℃静吸收CO_2的强度最大，其$\delta^{13}C$值较低，一般在-34‰～-22‰，主峰值约为-27‰；C4植物为有温暖季节生长的草以及少数灌木等被子植物（韩家懋等，1995），喜高辐射、高温环境，30～45 ℃静吸收CO_2的强度最大，主要由喜暖的草原植被组成，它们的$\delta^{13}C$值在-19‰～-9‰，表现出更重的$\delta^{13}C$值，主峰值约为-13‰；而CAM植物主要适应于干热、降雨量小、蒸发量大的环境，在极度干旱条件下进行光合作用（如仙人掌类植物），CAM类植物$\delta^{13}C$值变化范围大，在-10‰～-30‰之间，$\delta^{13}C$值平均为-17‰，分布范围比较局限，而C3、C4植物则较为常见（Cerling et al，1989）。海洋浮游植物的$\delta^{13}C$值介于C3、C4植物之间，主峰值为-18‰～-21‰（Fry et al，1977）。根据Smith 等（1971）的大量分析资料，通常藻类的$\delta^{13}C$值较高，为-12‰～-24‰，比C3植物的$\delta^{13}C$值高。地表环境中不同碳库来源的$\delta^{13}C$的取值范围如图4-13所示（Clark et al，1997）。由图可以看出，C3和C4植物$\delta^{13}C$值没有相互重叠，区别明显，因此可以用沉积物中有机成分$\delta^{13}C$值大致判别C3、C4植物的相对含量，指示陆源植被可能出现的变化。

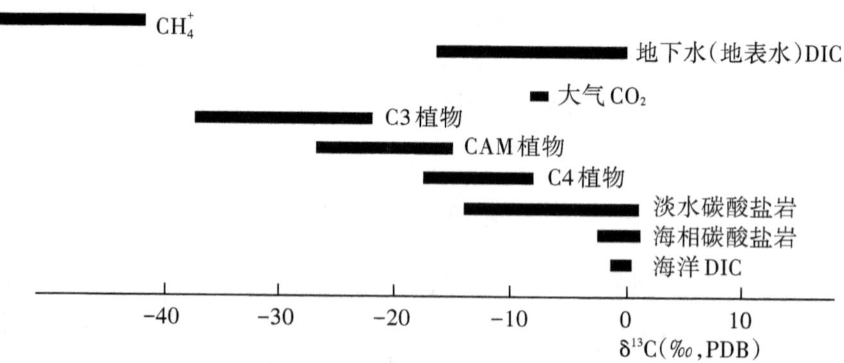

图4-13　地表环境不同碳库的碳同位素取值大致范围(Clark et al,1997)

然而目前对于$\delta^{13}C$与温度的关系尚未有定论。即使对于沉积环境较为简单、沉积地层比较连续的湖泊沉积物，虽然众多学者利用有机质碳同位素组成在恢复古气候和古环境方面取得了许多成果，但是对于湖泊沉积物有机质碳同位素组成影响因素的认识尚未形成一致的结论，在古气候解释方面仍存在分歧，甚至得出的结论相反（朱正杰，2009）。

一些学者认为$\delta^{13}C$与温度成正相关，在温度为主要因素的控制条件下，气候越温暖则C4植物越丰富，$\delta^{13}C$值也相应偏正；气候愈寒冷，则C3植物增多，$\delta^{13}C$值相应偏负（Cerling et al，1997）。Stuiver（1987）认为气温降低，则$\delta^{13}C$比率下降，但每一个湖泊的反映程度不尽相同，有些仅千分之几的变化，有些却超过千分之十。张振克等（2000）认为云南洱海湖泊沉积物$\delta^{13}C$值的变化不仅直接反映植被的变化，而且可间接指示气候变化，偏正和偏负的$\delta^{13}C$值分别对应偏暖、偏冷气候。沈吉等（1996）的研究结果与此类似；同样Lamb（2004）认为，当有机质来源主要为陆源的高等植被时，$\delta^{13}C$值偏正反映气候较为高温干旱，而偏负反映气候较为温和湿润。

一部分学者却认为$\delta^{13}C$与温度成负相关，比如Pearson（1978）认为在较冷的气候期，$\delta^{13}C$值是偏正的。吴敬禄等（2000）、王金权等（1996）也认为有机碳同位素$\delta^{13}C$与温度间呈负相关关系。基于同样的认识，林本海、安芷生等（1992）提出土壤有机碳同位素的变化指示了夏季风的强弱变化，有机碳同位素偏负指示夏季风的增强（安芷生等，1990）。马振兴等（2004）通过对鄱阳湖沉积物有机质碳同位素组成的分析，揭示了鄱阳湖近8 ka来经历了4次暖湿和4次冷（凉）干的气候环境变化；王国安等（2002）通过实验证实了中国北方4种C3植物碳同位素组成随温度的变化趋势是一致的，都随年均温度升高而变轻。Smith（1971）认为C3植物间的$\delta^{13}C$值也受温度制约：一般情况下，温度升高促进光合作用进一步加强以及受同位素动力作用影响，使C3类植物$\delta^{13}C$值偏负；肖保华等（1997）对泸沽湖沉积物的研究也支持这一结论。

另有少数学者则采取比较谨慎的态度，认为湖泊沉积物有机质中$\delta^{13}C$值与气候间存在着一定的关系，但不是固定的模式。一般而言，$\delta^{13}C$高值对应于气候暖期，低值对应于冷期，这主要由C4植物分布及水中溶解CO_2的含量所决定。在高纬或高海拔地区，由于受特殊的自然环境控制造成$\delta^{13}C$低值对应暖期，高值对应冷期的格局（吴敬禄等，1996）。

$\delta^{13}C$的大小除受受控于温度变化外，还受降水量的影响。对于$\delta^{13}C$与降水量之间的负相关关系，学者们的意见基本一致：当湿度和降雨量成为控制C3、C4植物分布与$\delta^{13}C$组成的主导因素时，C4植物的增加及土壤有机质$\delta^{13}C$变重反映气候变干，降雨减少（邓兵等，2004）。其机理为：当降水量不足、空气湿度减小、土壤含水量降低时，由于需要提高水分利用率，植物会关闭部分气孔，导致气孔导通系数减小、植物体内CO_2浓度下降，从而使得光合作用产物的碳同位素值升高。

总之，$\delta^{13}C$值的大小主要取决于不同光合作用途径的植物类型及其所占比重。如果C3和C4植物生长在相同的气候条件下，$\delta^{13}C$值将有12‰～14‰的差值。由于C3和C4植物的$\delta^{13}C$值都有一定的范围，因此同一类植物的$\delta^{13}C$值之间也必然有一定的差异，其中C3植物之间$\delta^{13}C$值的最大差异为12‰，C4植物为4‰。但这些差异与不同光合途径的差异相比要小得多（朱书法等，2005）。在沿岸海区由于有机质的贡献来自藻类、C3和C4植物，加上有机质的选择性降解作用导致的$\delta^{13}C$值次生改变，有时候情况也会变得十分复杂。

就某一区域不同时期C3类植物的碳同位素值的大小而言，除了受C3植物不同类型及其所占比重等因素的影响外，也受气候环境因素的影响。例如水分供应、温度变化以及大气中CO_2含量的变化等，均可以导致C3植物的碳同位素组成发生明显的变化（王国安等，2001）。所以，有机质碳同位素组成的变化，特别是变化幅度不大的时候，不一定代表C3、C4植物的更替，而有可能是气候环境因素的变化所控制（Hatté et al，1998）。考虑到沉积物中有机质来源复杂，其碳同位素组成的影响因素众多，在研究沉积物的有机质碳同位素组成时，必须综合考虑多种控制因素，并结合其他的记录，才可能获得比较明确的气候环境变化的解释。

饶志国等（2006）和周斌等（2009）认为，从理论上来说，如果温度是主要控制因素，冰期冷C3植物多，间冰期暖C4植物应该较多。然而，大多数间冰期气候不仅温暖而且湿润，当降水增加到适合木本植物生长时，C4植物比例则相对下降，C3植物相对较多；冰期气候趋于寒冷、干旱，森林植被（C3乔木）逐渐为C3、C4草本植被所代替，从而C4植物可能相对增多。晚第四纪以来黄土高原植被变化可能并不仅仅受控于冰期冷，间冰期暖而呈现简单的冰期C3植物多，间冰期C4植物多的旋回变化模式，而更可能受水热条件等各种气候因素的综合影响，在不同冰期–间冰期呈现不同的变化规律。对于中国东部的南方地区而言，气候的组合方式往往是温暖与湿润相随，寒冷与干燥相伴。据刘金陵等（1996）的孢粉分析结果认为，长江三角洲亚热带地区全新世以来的平均温度前后相差不会超过2.5 ℃，中国东部南方地区湿度或者说降水对稳定同位素的变化起主导作用，而温度变化的影响居于次要地位。因而当稳定同位素偏重时，指示气候冷干；当稳定同位素偏轻时，指示气候暖湿（马振兴等，2004）。

小结：据上述分析，本书倾向于认为，光合作用增强时，有机质碳同位素δ^{13}C值偏负，这一点在同种植物类型之间也有明显的体现。一般情况下，温度升高促进光合作用进一步加强以及受同位素动力作用影响，使C3类植物δ^{13}C值偏负。已有研究表明（马振兴等，2004），C3植物的碳同位素组成受温度及降雨等因素影响，气温较高时，植物的δ^{13}C比值较低；而气温低时，植物的δ^{13}C比值则较高（王国安等，2002）。同样地，高降雨量往往导致植物的δ^{13}C比值变低，而干旱往往使得植物的δ^{13}C比值偏高（王国安等，2001）。

4.6.3 实验结果分析

HYZK5孔孔深9.9～55.7 m段沉积物有机碳氮及其稳定碳同位素测试结果如表4–7和图4–14所示，*TOC*的均值为0.387%，介于0.124%～0.553%之间波动；*TN*的均值为0.062%，介于0.026%～0.095%之间波动；*TOC/TN*的均值为6.206，介于4.863～10.339之间变化；*TOC*、*TN*和*TOC/TN*三个指标的变化相似，均为下部Ⅰ、Ⅱ亚层变幅小于上部Ⅲ亚层。δ^{13}C均值为–24.657‰，介于–25.67‰～–23.9‰之间波动。该段*TOC*、*TN*和*TOC/TN*三个指标均值由下向上的变化基本相似，表现为先减小后增大，而δ^{13}C均值由下向上表现为减小—增大—减小的趋势。HYZK5孔孔深9.9～55.7 m段沉积物有机碳氮及其稳定碳同位素在三个亚层中的垂向变化特征为：

Ⅰ（47.3～55.7 m）：*TOC*的均值为0.474%，高于C层的平均值，介于0.270%～0.553%之间波动，在孔深53.5 m处出现C层*TOC*最大值；*TN*的均值为

0.076%，高于C层的平均值，介于0.052%～0.095%之间波动，孔深48.6 m处出现C层*TN*最大值；*TOC/TN*的均值为6.201，略低于C层的平均值，介于5.166～6.716之间波动；$\delta^{13}C$均值为-24.204‰，介于-24.48‰～-23.9‰之间波动。Ⅰ亚层的*TOC*、*TN*和$\delta^{13}C$平均值在三个亚层中均为最大值，相应的标准偏差值最小。

Ⅱ（18.5～47.3 m）：*TOC*的均值为0.358%，低于C层平均值，介于0.124%～0.522%之间波动；*TN*的均值为0.058%，低于C层平均值，介于0.026%～0.087%之间波动；*TOC/TN*的均值为6.087，低于C层平均值，介于4.863～6.903之间波动；$\delta^{13}C$均值为-24.725‰，介于-25.64‰～-24.04‰之间波动。Ⅱ亚层的*TOC*、*TN*和*TOC/TN*的平均值在三个亚层中均为最小值，而且*TOC/TN*的标准偏差最小，为0.411，变幅最小，反映了其沉积环境的相对稳定性。C层*TOC*、*TN*和*TOC/TN*的最小值都出现在孔深18.6 m处。

表4-7　HYZK5孔孔深9.9～55.7 m段有机碳氮及其稳定碳同位素变化特征（$n=83$）

参数	变化范围	*TN*/%	*TOC*/%	*TOC/TN*	陆源*TOC*/总*TOC*/%	$\delta^{13}C$ / ‰
Ⅲ 9.9～18.5m	均值	0.060	0.392	6.590	59.81	-24.894
	最大	0.085	0.545	10.339	96.35	-24.28
	最小	0.035	0.191	5.208	36.46	-25.67
Ⅱ 18.5～47.3m	均值	0.058	0.358	6.087	53.39	-24.725
	最大	0.087	0.522	6.903	66.09	-24.04
	最小	0.026	0.124	4.863	27.88	-25.64
Ⅰ 47.3～55.7m	均值	0.076	0.474	6.201	56.15	-24.204
	最大	0.095	0.553	6.716	69.51	-23.9
	最小	0.052	0.270	5.166	35.47	-24.48
C层 9.9～55.7m	均值	0.062	0.387	6.206	55.17	-24.657
	最大	0.095	0.553	10.339	96.35	-23.9
	最小	0.026	0.124	4.863	27.88	-25.67
标准偏差	Ⅲ	0.016	0.097	1.113	12.719	0.447
	Ⅱ	0.012	0.084	0.411	7.440	0.410
	Ⅰ	0.010	0.063	0.416	7.909	0.165
	C层	0.014	0.093	0.632	8.997	0.445

Ⅲ（9.9～18.5 m）：*TOC*的均值为0.392%，高于C层的平均值，介于0.191%～0.545%之间波动；*TN*的均值为0.060%，低于C层的平均值，介于0.035%～0.085%之间波动；*TOC/TN*的均值为6.590，高于C层的平均值，介于5.208～10.339之间波动，孔深11.6 m处出现C层*TOC/TN*最大值；$\delta^{13}C$均值为−24.894‰，介于−25.67‰～−24.28‰之间波动。该层*TOC*和*TN*表现为先波动增加再减小继而波动增加的趋势，$\delta^{13}C$则明显地表现为先波动增加再减小的趋势，而*TOC/TN*值除孔深11.6 m处出现最大值外，其余深度*TOC/TN*值变化不大。Ⅲ亚层中*TOC/TN*和$\delta^{13}C$平均值分别为三个亚层中的最大值和最小值，且有机碳氮及其稳定碳同位素的标准偏差值在三个亚层中最大，表明其变幅最大。

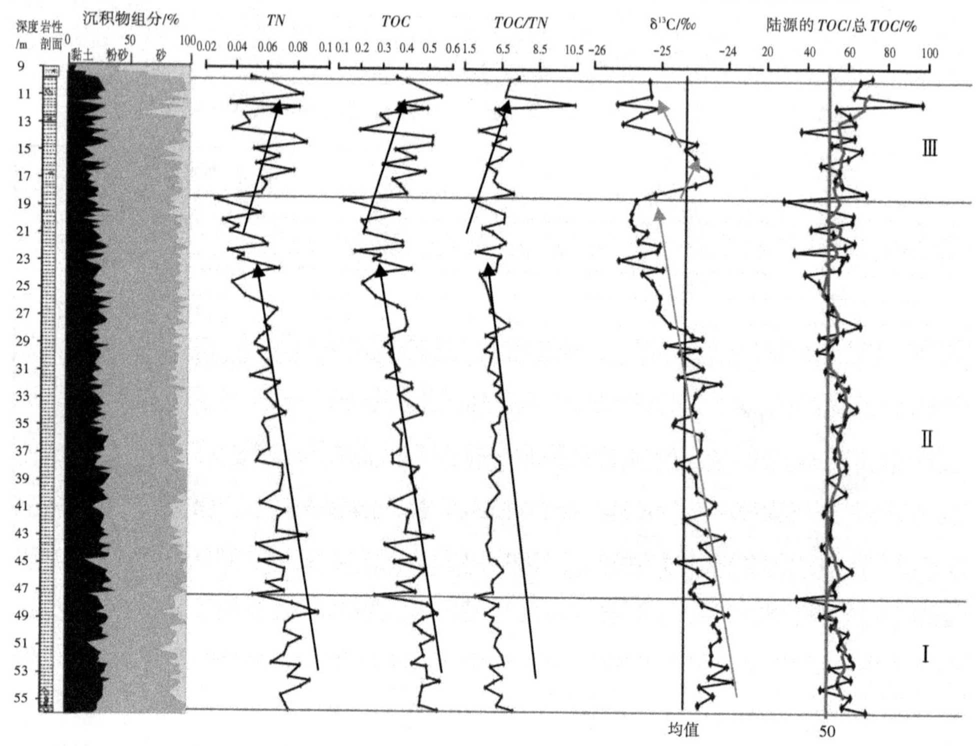

图4-14 HYZK5孔孔深9.9～55.7 m段有机碳氮的垂向变化

HYZK5孔孔深9.9～55.7 m段*TOC*、*TN*均值分别为0.387%和0.062%，与邻近的CM孔以及HM孔*TOC*、*TN*均值相当（唐琨等，2006）。从表4-8和图4-14可以看出，HYZK5孔C层*TOC*、*TN*和*TOC/TN*三个指标由下向上变化趋势基本相似，均表现为先减小后增大，*TOC*与*TN*间的相关系数为0.952，呈现显著的正相关性（图4-15），而*TOC*、*TN*和*TOC/TN*之间的相关性均很差。*TOC*与*TN*间显著的正相关性在HM孔表现也很明显，相关系数达到0.9（唐珉等，2006）。

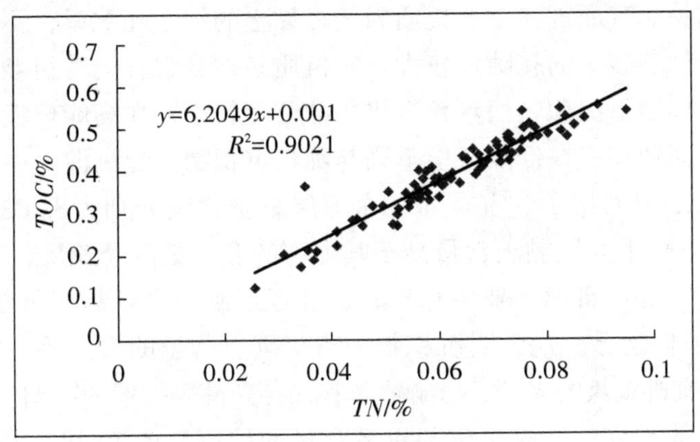

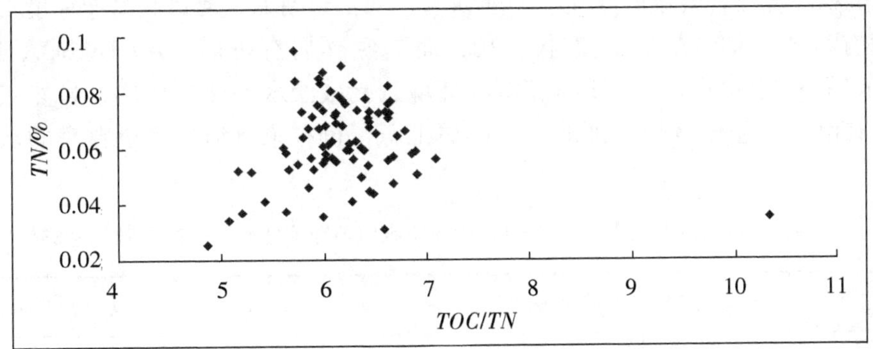

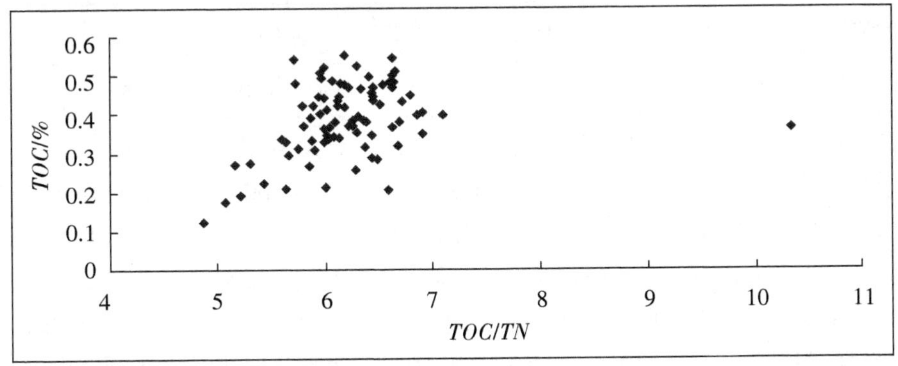

图4-15 HYZK5孔孔深9.9～55.7 m段*TOC*、*TN*和*TOC/TN*之间的散点图

由表4-8和图4-16可以看出，*TOC*、*TN*的含量与黏土含量之间有一定的正相关性，相关系数分别为0.525和0.596，与粉砂、砂的相关性较差且均呈负相

关，表明*TOC*、*TN*主要赋存于粒径较小的黏土中（施雅风等，1999），且与黏土的含量呈正相关。其原因在于有机质封闭在黏土的细小孔隙里，不易被微生物分解所致，而粉砂、砂中的孔隙度较大，有机质易被分解；同时粗颗粒沉积物往往在高能水动力环境下沉积，而颗粒有机物的密度较小，在高能环境下容易遭受再侵蚀、再搬运而迁移，在低能环境下则与细粒沉积物一起沉淀。由粒度特征的分析可知，HYZK5孔C层Ⅰ、Ⅱ、Ⅲ三个亚层黏土含量分别为33.039%、30.199%和25.046%，下部Ⅰ亚层黏土含量高于其上部的Ⅱ、Ⅲ两个亚层，*TOC*、*TN*含量相应值也最高。Ⅱ、Ⅲ两个亚层相比较，Ⅱ亚层黏土含量高于Ⅲ亚层，但*TOC*、*TN*含量却低于Ⅲ亚层。这说明沉积物中有机碳氮含量的多少除与黏土含量有关外，可能还受有机碳氮的来源、分解速率和保存条件等因素的影响。

根据前人的研究，总有机碳与总氮含量的比值*TOC/TN*可以用来判别物源、指示沉积环境和古气候的变化。一般认为，来自于湖泊、河口和海洋环境中水生生物有机质*TOC/ TN*比值多小于10，而陆源碎屑有机质*TOC/ TN*则大于10。HYZK5孔C层为河口湾－浅海相沉积环境，受咸淡水的交互作用，显然其有机质既有由长江径流携带而来的陆相碎屑来源，也有来自河口环境自身的水生有机质。

表4-8　HYZK5孔孔深9.9～55.7 m段有机碳氮与粒度之间的相关系数（$n=83$）

	<4 μm/%	4～63 μm/%	>63 μm/%	*TOC/TN*	*TN*/%	*TOC*/%
TOC/TN	−0.163	−0.168	0.333	1		
TN/%	0.596	−0.345	−0.222	0.010	1	
TOC/%	0.525	−0.369	−0.127	0.301	0.952	1

HYZK5孔C层*TOC/ TN*平均值仅为6.206，最大值仅为10.339，似乎说明其有机质主要来源于海相。唐珉等（2006）对长江口HM孔、CM孔研究结果显示，HM孔、CM孔的*TOC/ TN*平均值分别为6.38、7.53，长江三角洲PD孔上部的河口湾－浅海相沉积物的*TOC/ TN*平均值为8.2，长江现代河漫滩沉积物*TOC/ TN*平均值为6.8（杨守业等，2006）。虽然上述HM孔、CM孔、PD孔上部、长江现代河漫滩沉积物*TOC/ TN*平均值都小于10，但唐珉等（2006）却认为，长江三角洲冰后期沉积有机质的主要来源不是来自海相，而是长江流域的高等植被，并且水生生物有机质的贡献较少，其*TOC/ TN*平均值较低的原因在于冰后期长江流域的沉积有机质同今天一样，流域土壤经历腐殖化作用，*TOC*和*TN*的分解速率不一致，导致沉积物中*TOC/TN*比值较低。

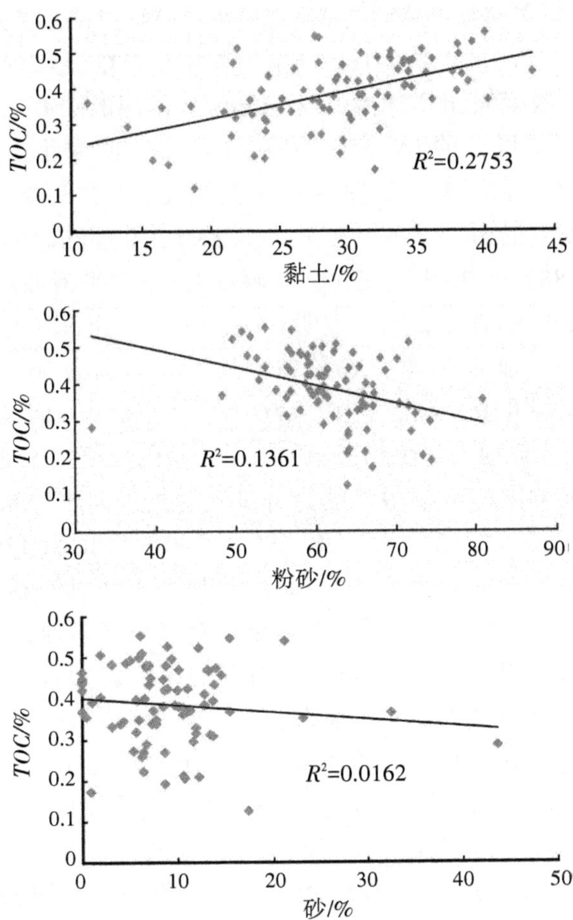

图4-16 HYZK5孔孔深9.9～55.7 m段*TOC*与粒径之间的相关图解

高芳蕾等（2006）依据钱君龙的二元模型（ Qian et al，1997）计算了珠江三角洲沉积物中陆源和内源两种有机质的贡献，并且认为当*TOC/TN*不能十分准确区分有机质的内源或外源时，陆源和内源*TOC*的比值能够提供更为可靠和直观的参考依据。

为判定HYZK5孔C层沉积物两种来源的有机质贡献，笔者根据钱君龙的二元模型定量估算了陆源*TOC*/总*TOC*值。二元模型公式为：

$$C_l(i) = R_l(i)[C(i) - R_S(i)\,N(i)]/[R_l(i) - R_S(i)]$$

$$C_S(i) = R_S(i)[C(i) - R_l(i)\,N(i)]/[R_S(i) - R_l(i)]$$

$$C(i) = C_l(i) + C_S(i)$$

$$N(i) = N_l(i) + N_S(i)$$

其中$C(i)$，$N(i)$分别为实测的钻孔深度为i沉积物TOC，TON（总有机氮）含量，$C_l(i)$，$N_l(i)$；$C_S(i)$，$N_S(i)$分别为其中来自陆生和内生的TOC，TON。$R_l(i)$和$R_S(i)$是深度为i的沉积物中来自陆源和内源的碳氮比。

因为HYZK5孔C层*TOC/TN*介于4.863～10.339之间变化，故取$R_l = 11$，$Rs = 4$。计算结果见表4-7和图4-14，图4-14中曲线代表5点平滑后的结果，可以消除个别样品较大误差的影响。结果显示，HYZK5孔C层陆源*TOC*/总*TOC*的均值为55.17，介于27.88～96.35之间变化，变幅较大。5点平滑曲线几乎全部位于陆源*TOC*/总*TOC*＝50%的直线右侧，表明HYZK5孔C层沉积物中以陆源有机质为主。Ⅰ、Ⅱ、Ⅲ三个亚层陆源*TOC*/总*TOC*的均值分别为56.15、53.39、59.81，中间的浅海相沉积层Ⅱ亚层陆源*TOC*/总*TOC*的均值最小，但也超过了50%，表明中间水深最大的Ⅱ亚层水生生物来源的有机质贡献大于上下两个亚层。因此笔者认为，HYZK5孔C层沉积物中以陆源有机质为主，但水生来源的有机质贡献也较高，尤其在孔深23～26.5 m、28～31 m、40～44 m和47～49 m段。虽然HYZK5孔C层*TOC*/ *TN*平均值仅为6.206，但并不表明其有机质以水生来源为主，其原因可能是沉积物中有机质来源复杂、存在形式多样，并且受粒度大小、黏土矿物组成以及微生物的分解等多种因素的影响。因此，不能单纯地运用*TOC/TN*比值的绝对大小来判断有机质来源。

HYZK5孔C层由下向上，*Mz*趋于增大，黏土含量趋于减少，而细颗粒的有机质具有在黏土中富集的特性。因而由下部的Ⅰ亚层向上至Ⅱ亚层，*TN*、*TOC*和*TOC/TN*相应减小，当然也有可能是因为Ⅰ亚层气候冷干（证据来源于稳定同位素数据值偏正），有机元素的分解速度小于其沉积速度，导致有机质保存率较高（干冷的气候和高含量的黏土均导致有机质含量较高）；但相对于Ⅱ亚层而言，上部Ⅲ亚层*TN*、*TOC*和*TOC/TN*增加，Ⅲ亚层中*TOC/TN*平均值为三个亚层中的最大值，可能与全新世中期以来长江三角洲的发育（孔深25.9 m处定为最高海平面所处界面，原因是26.4 m的光释光测年为7600±600 a BP，粒径较细，有孔虫丰度较高，处于浅海相泥质粉砂的中部），长江搬运的沉积物在河口地区堆积迅速，沉积有机质降解慢因而保存率比较高有关。Ⅱ亚层陆源*TOC*/总*TOC*的均值比Ⅰ、Ⅲ亚层小（图4－14），尤其在孔深23～26.5 m、28～31 m和40～44 m段陆源*TOC*所占比例的明显减少。Ⅱ亚层*TOC/TN*比值最小，可能表明有机质的来源中来自水生藻类的贡献增加，而流域陆源有机质的贡献相对减小，反映了此时HYZK5孔距离河口较远以及水体较深，或者说海平面较高。

如前所述，与*TOC/TN*相比，稳定同位素$\delta^{13}C$受粒度影响小，而且不易受生物活动的影响，更具有保守性，因此$\delta^{13}C$能够更为准确提供沉积物有机质来源的信息，也是气候变化的良好代用指标。HYZK5孔C层$\delta^{13}C$均值为-24.657‰，介于-25.67‰～-23.9‰之间波动，绝对值相差仅为1.17‰，变化幅度很小，因此可以认为$\delta^{13}C$值的变化主要受气候环境因素控制，而不是C3、C4植物更替的反映（Hatté et al，1998）。HYZK5孔C层$\delta^{13}C$值的小幅度波动特征与CM孔非常相似。CM钻孔中$\delta^{13}C$仅在-24‰左右小幅度变化，范围介于-25.5‰～-23.8‰之间（唐珉等，2006），绝对值最大相差也仅为1.7‰。

HYZK5孔C层$\delta^{13}C$介于-25.67‰～-23.9‰之间波动，均值为-24.657‰。就$\delta^{13}C$的主峰值来看，C3植物为-27‰，C4植物为-13‰，海洋浮游植物和藻类植物为-19‰，表明C层$\delta^{13}C$的波动变化不太可能是由于C4的波动变化所引起的。假定C层有机质主要来源于C3植物和海洋浮游藻类植物，并且按C3植物的$\delta^{13}C$端员值-27‰，海洋浮游藻类植物的$\delta^{13}C$端员值-19‰来估算（Boutton et al，1998），则C3植物所占比例为61%～83%，均值71%，C3植物占很大优势。与前面根据钱君龙模型计算得出C层的有机质主要来源于陆源的结论基本上是一致的。因此C层$\delta^{13}C$值的垂向变化，可能主要反映了C3植物的碳同位素组成随气候的变化。已有研究表明，C3植物的碳同位素组成与季风的影响有一定的关系，夏季风盛行时，气温较高且潮湿，$\delta^{13}C$值一般较低；夏季风强度减弱，气候转向干冷，$\delta^{13}C$值一般较高（林瑞芬等，2000）。HYZK5孔C层沉积有机质$\delta^{13}C$揭示的气候变化反映了全新世的季风演变经历了三个阶段：

第一阶段（18.6～55.2 m）：$\delta^{13}C$值介于-25.64‰～-23.9‰之间波动，均值为-24.60‰，总体上呈现较小趋势，表明气候趋于暖湿，夏季风势力增强。但其中存在次一级的气候波动变化，在不同的层位存在突变和缓变。在孔深48～55 m之间$\delta^{13}C$值相对偏正且变化幅度小，表明气候环境冷干；在孔深47±0.5 m附近$\delta^{13}C$值突然减小，可能反映了气候由冷向暖的快速变化；在孔深28.5～46 m段，$\delta^{13}C$值波动频繁且变化幅度大，可能反映了气候变化的不稳定性，冷暖交替波动；在18.6～26.5 m段（8000—4500 a BP），$\delta^{13}C$偏负且非常稳定，均值为-25.24‰，可能反映全新世大暖期内降水量增加。

第二阶段（14～18.6 m）：$\delta^{13}C$值介于-25.10‰～-24.28‰之间波动，平均值为-24.58‰，相对偏高，表明气候趋于冷干，夏季风势力减弱。在14.5～18.6 m段（4500 a BP后）气候冷干，降水量减少。

第三阶段（9.9～14 m）：$\delta^{13}C$值介于-25.67‰～-25.05‰之间波动，均值为-25.30‰，总体上呈现较小趋势，表明气候再次趋于暖湿，夏季风势力有所加强。

讨论：HYZK5孔在18.6～26.5 m段（8000—4500 a BP）内，$\delta^{13}C$值偏负且非

常稳定，均值为-25.24‰，可能反映全新世大暖期内降水量增加，此时长江径流带来的陆源碎屑有机质应该最多。然而根据钱君龙的二元模型（Qian et al, 1997）计算的陆源和内源*TOC*的比值却最小（图4-14），表明流域陆源有机质的贡献相对减小。这两个指标反映的陆源有机质贡献是矛盾的。对于这一矛盾的解释，笔者认为，HYZK5孔在18.6～26.5 m段$\delta^{13}C$值偏负且非常稳定，反映全新世大暖期内降水量增加，由长江径流带来的陆源碎屑有机质理应最高。但由于此时段海平面较高，HYZK5孔距离河口较远以及水体较深，海面较为宽阔，有机质含量被冲淡，浓度相对下降，因而流域陆源有机质的贡献最小。同时全新世大暖期气候最为暖湿，有机质虽然来源丰富，但是由于其分解速度大于沉积保存速度，因而*TOC*总量及其陆源*TOC*的含量却为全剖面最小值。另外，在孔深20～30 m段海平面达到最高，海源*TOC*含量大大增加，使得陆源*TOC*的含量减小。总之，导致HYZK5孔18.6～26.5 m段（全新世大暖期）流域陆源有机质的贡献相对较小的原因有三：

（1）气候暖湿分解速度加快，导致其*TOC*降低；

（2）与河口距离增加，水深加大，水面开阔，陆源有机质分散，沉积速率下降；

（3）此时海水自身的生物来源丰富，使得陆源有机质含量下降。

4.7 常、微量地球化学元素分析

4.7.1 常、微量地球化学元素丰度及其比值的环境意义

元素丰度是指化学元素的平均质量百分比。在不同的沉积物中其元素组成及其丰度是不同的。自然环境中沉积物的元素丰度与物源、气候、各种元素的表生地球化学行为、粒度、沉积环境等因素密切相关。比如元素Zr经常以自己本身的独立矿物——细的锆石形式存在，这种矿物时常趋于粉砂粒级中（赵一阳等，1982）。不同的元素在不同的环境下表现出不同的迁移能力和富集能力。从理论上来说，元素K、Na、Ca、Mg化学风化时的迁移能力依次减小，但是化学元素的迁移能力不仅取决于其理化性质，还受到其环境因素，尤其是有机质的影响，最终表现为Na、Ca最易迁移、淋失，Mg在强烈化学风化时也易活动，而K、Al及Fe元素则多保存在风化形成的黏土中而产生聚集（杨守业等，1999）。因此各种化学元素在表生作用过程中的迁移富集规律是其对环境条件变化的响应。

流域岩石风化强度是气候环境的函数，如湿润而温暖的气候条件将有利于岩石化学风化的进行（肖尚斌等，2007），冷干气候条件下化学风化作用则较弱。用地球化学指标重建古气候古环境演化过程是当前全球变化研究的一个重要途

径。目前，运用沉积物元素地球化学研究古气候和古环境演变过程，较为成功的记录体有黄土-古土壤序列、湖泊沉积、河口三角洲沉积、浅海沉积等。陈骏等（2001）认为，地球化学参数Rb/Sr值可以作为陕西洛川黄土区夏季风波动的敏感性指标，Rb/ Sr高值对应于强化学风化作用（陈骏等，1998）。此外，Rb/ Sr比值作为衡量化学风化强度的重要指标，在湖泊、河口三角洲、沿海陆架等研究区的古沉积环境的重建研究中也得到了广泛应用（申洪源等，2006）。鲜本忠等（2005）根据沉积物中地球化学对古盐度、氧化还原程度及风化程度的综合分析，认为在全新世期间，黄河三角洲海平面和环境至少存在5次大的冷热交替的旋回性变化；Dominik等（1993）认为B/Be比值能有效地揭示尼罗河三角洲地区全新世以来的海陆变迁；Chen等（1997）研究认为，长江河口区第四纪沉积物中的地球化学元素B以及B/Ga和Sr/Ba比值均与古盐度线性相关，借助于这些指标可鉴别出该区域的海侵地层进而重建古环境演化历史。

一些元素及其比值，由于对环境比较敏感，被用于流域化学风化及气候条件的研究，如化学风化指数（*CIA*）、常量元素含量及其元素比值Na_2O/CaO、K_2O/Na_2O、K_2O/CaO、Al_2O_3/Na_2O，Rb/K_2O，Sr/CaO、MgO/CaO的大小，反映了沉积物的化学风化程度，即元素的迁移淋失程度，这同沉积物形成时的气候环境尤其是大气降水量密切相关，因而常常被用来反映化学风化程度（Sawyer，1986），指示气候尤其是降水量的变化。比如在长江三角洲南部平原地区高Al_2O_3/Na_2O和K_2O/Na_2O表明气候潮湿（Tao et al，2006）。化学风化指数（*CIA*）是反映化学风化强度的有效指标（赵锦慧等，2004）。Guo等（1996）研究认为，在黄土－古土壤发育、演化过程中，*CIA*可以视为古夏季风强弱的替代指标，并揭示了末次冰期以来黄土高原夏季风演变的高频不稳定特征。

元素地球化学分析历来是河口沉积研究的重点内容。东海沉积物元素地球化学研究得到了许多学者的重视，取得了许多重要成果（杨作升等，1988）。其中，赵一阳等（1993，1994）对东海浅海沉积物的元素地球化学进行了全面而详细的研究，总结了各类元素丰度的变化、不同沉积区元素含量的变化和不同粒度沉积物中元素含量的变化规律，提出“元素的亲陆性”“元素的粒度控制律”，认为中国浅海沉积物化学元素的迁移富集分布受到物源、气候、粒度、生物等因素的控制。

总之，沉积物中元素的地球化学特征，是其对环境条件变化的响应，蕴含着丰富的古环境演化信息，可为重建古气候演化序列和环境演变的动态过程提供重要依据。

4.7.2 实验结果分析

4.7.2.1 地球化学元素的垂向变化

HYZK5孔孔深9.9～55.7 m段沉积物常、微量地球化学元素含量测试结果（样品数共计85个）见表4-9和图4-17、图4-18所示。由图4-17、图4-18和表4-10可以看出，HYZK5孔C层（孔深9.9～55.7 m）常、微量元素含量的垂向变化表现有三种类型。元素SiO_2、Na_2O、CaO、Sr和Zr可归类为第一种类型，由表4-10可知它们之间的相关系数介于0.762～0.989之间，表明其相关性很高。元素Al_2O_3、K_2O、MgO、TFe_2O_3、Mn、Ti、Rb、Zn和Ni归结为第二种类型，它们之间的相关系数介于0.789～0.986之间，同样具有较高的正相关性。本文分析的15种元素中只有元素Cr比较特殊，属于第三种类型。Cr与第一类元素SiO_2、Na_2O等之间呈现较弱的正相关，相关系数介于0.428～0.651之间，与第二类元素Al_2O_3、K_2O、MgO等之间呈现较弱的负相关，相关系数介于-0.525～-0.393之间。可见Cr与其他元素之间的相关性均较小，因此单独划为一种类型。

表4-9 HYZK5孔孔深9.9～55.7 m段常量元素(%)和微量元素(μg/g)含量变化

元素	变化范围	平均含量	标准偏差	变异系数
SiO_2	58.65～73.87	65.9	3.13	4.75
Al_2O_3	11.52～15.52	13.7	0.96	7.01
K_2O	1.83～3.11	2.48	0.30	12.10
Na_2O	1.06～1.82	1.39	0.16	11.51
CaO	2.70～3.88	3.3	0.26	7.88
MgO	2.09～2.80	2.51	0.15	5.98
TFe_2O_3	3.81～7.31	5.69	0.83	14.59
Mn	599.8～1193.9	859.5	132.9	15.46
Ti	4477.9～5665.3	5092.8	263.4	5.17
Rb	94.4～159.0	131.6	15.0	11.40
Sr	88.8～140.9	110.2	12.4	11.25
Zr	115.6～296.9	168.1	36.1	21.48
Zn	71.2～130.7	103.4	12.7	12.28
Ni	26.1～46.7	36.4	4.58	12.58
Cr	50.9～78.5	64.2	5.67	8.83

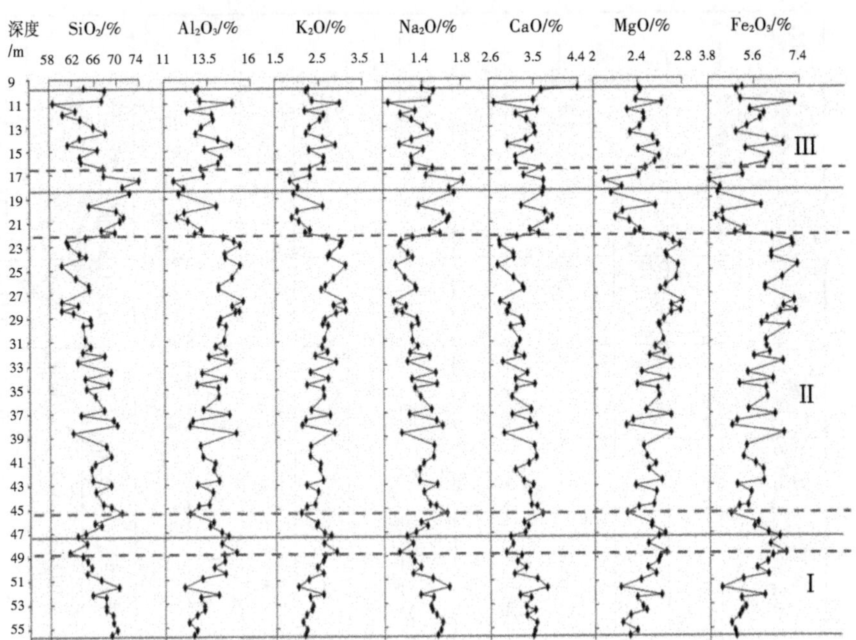

图4-17 HYZK5孔孔深9.9～55.7 m段常量元素含量的垂向变化

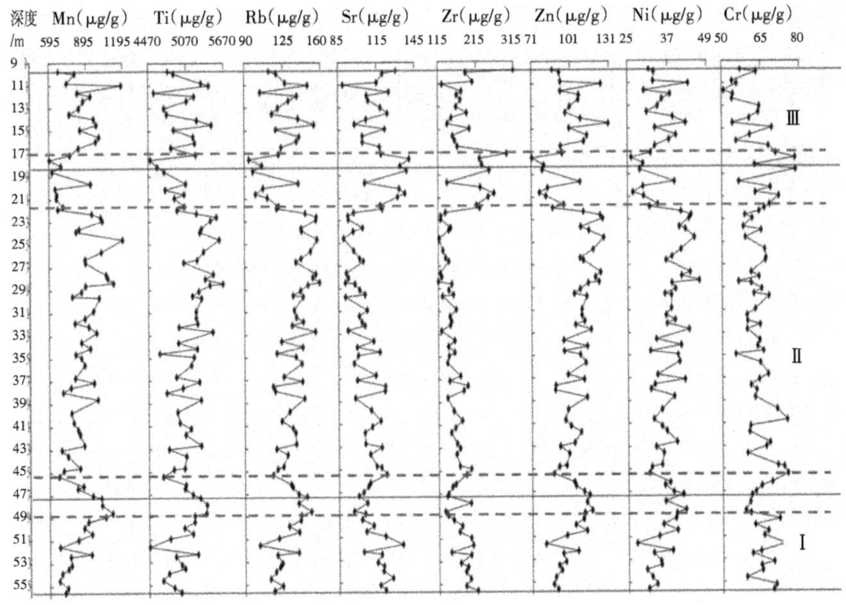

图4-18 HYZK5孔孔深9.9～55.7 m段微量元素含量的垂向变化

表4-10　HYZK5孔孔深9.9～55.7 m段地化元素之间的相关系数

	SiO_2	Al_2O_3	K_2O	Na_2O	CaO	MgO	T Fe_2O_3	Mn	Ti	Rb	Sr	Zr	Zn	Ni	Cr
SiO_2	1														
Al_2O_3	−0.911	1													
K_2O	−0.939	0.985	1												
Na_2O	0.989	−0.950	−0.962	1											
CaO	0.879	−0.933	−0.944	0.915	1										
MgO	−0.852	0.967	0.952	−0.894	−0.860	1									
TFe_2O_3	−0.949	0.978	0.986	−0.971	−0.949	0.935	1								
Mn	−0.898	0.889	0.899	−0.904	−0.860	0.834	0.923	1							
Ti	−0.818	0.902	0.913	−0.861	−0.866	0.869	0.886	0.789	1						
Rb	−0.883	0.975	0.974	−0.921	−0.920	0.955	0.964	0.874	0.907	1					
Sr	0.874	−0.957	−0.959	0.913	0.929	−0.944	−0.966	−0.867	−0.874	−0.977	1				
Zr	0.762	−0.816	−0.829	0.776	0.763	−0.835	−0.842	−0.780	−0.617	−0.846	0.873	1			
Zn	−0.932	0.966	0.967	−0.956	−0.933	0.918	0.978	0.909	0.858	0.962	−0.953	−0.837	1		
Ni	−0.880	0.955	0.961	−0.909	−0.912	0.939	0.949	0.871	0.876	0.966	−0.949	−0.843	0.944	1	
Cr	0.651	−0.453	−0.525	0.606	0.479	−0.393	−0.517	−0.499	−0.469	−0.469	0.466	0.428	−0.518	−0.462	1

以元素SiO_2为代表的第一种类型元素含量其垂向变化表现为：在Ⅰ亚层，由下向上趋于减少，在Ⅰ亚层与Ⅱ亚层的过渡层段（45.4～48.6 m）则由减少快速增加；在Ⅱ亚层中的22.3～45.4 m段呈现缓慢减少的趋势；在Ⅱ亚层与Ⅲ亚层的过渡层段（16.5～22.3 m）元素含量均值为整个C层的最高值且变幅较大；在Ⅲ亚层16.5 m以上元素含量出现减少的趋势。

以Al_2O_3为代表的第二类元素其垂向变化与第一类元素基本相反，两者之间呈明显的同位相负相关关系（相关系数介于-0.977～-0.617）。本书分析的15种元素中只有元素Cr比较特殊，属于第三种类型，其含量在孔深48.6～55.7 m段和22.3～45.4 m段表现为在均值附近波动变化，增减趋势不明显，在Ⅰ亚层与Ⅱ亚层以及Ⅱ亚层与Ⅲ亚层的过渡层段均表现为增加趋势，在Ⅲ亚层16.5 m以上元素含量出现减少的趋势。由表4-9可以看出，变异系数较大的元素有Zr、Mn、Ni、Zn、Rb、Sr、TFe_2O_3、K_2O、Na_2O等，表明其含量垂向变化波动幅度较大，而其他元素变化则相对稳定。

4.7.2.2 地球化学元素来源和分布的主要控制因素

前面的分析已经说过，影响元素丰度的因素很多，包括物源、气候、元素的表生地球化学行为、粒度、沉积环境等因素的差异。元素含量的差异可以显示许多有价值的地质和环境变化信息，是开展地球化学研究的最基本资料。不同地区沉积物中元素含量的比较，可以揭示物源的差异。

通过长江口与其他地区沉积物中元素含量的比较（表4-11）可以发现，长江口、黄河口、珠江口元素含量与大陆页岩比较接近，而与深海黏土的元素含量相差较大，这一差异在微量元素Ni和Zn的含量上表现最为明显，显示出元素的“亲陆性”特征（赵一阳，1983）。长江口与黄河口、珠江口之间元素含量也存在明显的不同。长江口Al_2O_3、TFe_2O_3、CaO和Zn含量介于黄河口和珠江口之间，而元素Ni和Cr的含量要低于黄河口和珠江口，表明由于源区的不同，沉积物中元素的含量也存在差异。其中长江口Al_2O_3、TFe_2O_3和CaO介于黄河口和珠江口之间，与长江口所处流域由于气候条件导致的土壤岩石的化学风化程度介于黄河口和珠江口之间是一致的。沉积物中的Al_2O_3、Ti、Zr、Cr等元素和黏土矿物普遍认为主要来源于陆源碎屑组分。与其他两河口相比，长江口沉积物中的化学元素、高含量的黏土矿物主要来源于长江流域径流带来的风化产物，显示出一定的独特性。长江流域主要位于扬子地台上，构造复杂，尤其在中上游及下游山区中富含云母的酸性火成岩及基性岩多有出露，在热-湿气候条件下被剥蚀风化，碎屑中云母或长石绢云母化形成伊利石等组成的黏土矿物。正因为HYZK5孔中黏土平均含量高达29.75%，而且伊利石是其中的优势黏土矿物（肖尚斌等，2005），伊利石中Mg的含量与其生成环境有密切关系，受海洋影响较大的Mg含量就高（Weaver et al，1973），导致HYZK5孔中MgO和Al_2O_3之间的相关系数高达0.967（表4-10）。另外，在化学风化过程中，Ti从原矿物中被淋滤出来后，很容易被沉积物所吸附。因此，Ti常常被看成表生地球化学环境中一种比较稳定的惰性元素，可以用来判别物源（Taylor et al，1985）。据研究（杨守业等，2004），长江沉积物中Ti含量平均达到5900 μg/g，而黄河沉积物Ti含量均低于3600 μg/g，本书HYZK5孔沉积物Ti平均含量超过5000 μg/g，更接近于长江而远离黄河沉积物。

表4-11 长江口沉积物中部分元素的含量与其他地区的比较

元素	长江口	大陆页岩*	深海黏土*	黄河口#	珠江口#
Al_2O_3	13.7	8.0	8.4	11.6	16.1
K_2O	2.48	2.7	2.5		
CaO	3.3	2.2	2.9	5.5	1.4
TFe_2O_3	5.69	4.7	6.5	3.5	7.0
Ni	36.4	48.0	225	38.0	50.0
Zn	103.4	95.0	165	75.0	150
Cr	64.2			72.0	118

*：秦蕴珊等，黄海地质，海洋出版社，1989。

#：孙白云，黄河、长江和珠江三角洲沉积物中碎屑矿物的组合特征，1989。

据研究，一些不活动性微量元素的比值，如Zr/Ti，Zr/Sc，Th/Sc和Th/Cr的比值可以很好地减弱消除粒级效应的影响，指示沉积物源岩组成的信息。Zr以锆石的形式存在，表生作用中锆石化学性质极为稳定，主要富集于细粉砂中。由图4-19可以看出，在16.5～22.3 m层段元素Zr含量显著偏高，呈现出富集趋势。而Ti与Al一样，通常被认为是沉积环境中化学性质稳定的元素（Nelson et al，1988）。海水中以离子状态迁移的Ti和Zr是微不足道的，两元素基本以碎屑颗粒形式被搬运入海而沉积，Zr沉积很可能是在较强的水动力条件下堆积形成的。据长江和黄河沉积物中Ti和Zr的元素含量（杨守业等，1999）计算可知，两者Ti/Zr比值的平均值分别为14.8和26.2，黄河与长江沉积物存在很大的差异。HYZK5孔的Ti/Zr变化范围介于15.2～49之间（图4-19），平均值31.6，变化范围较大，可能与剖面中细粉砂含量较高有关。虽然Ti/Zr的波动范围很大，但是其平均值明显远离黄河沉积物中Ti/Zr的均值，而更接近于长江沉积物中Ti/Zr的均值，因而推测长江口HYZK5孔的泥沙主要来自于长江带来的泥沙。

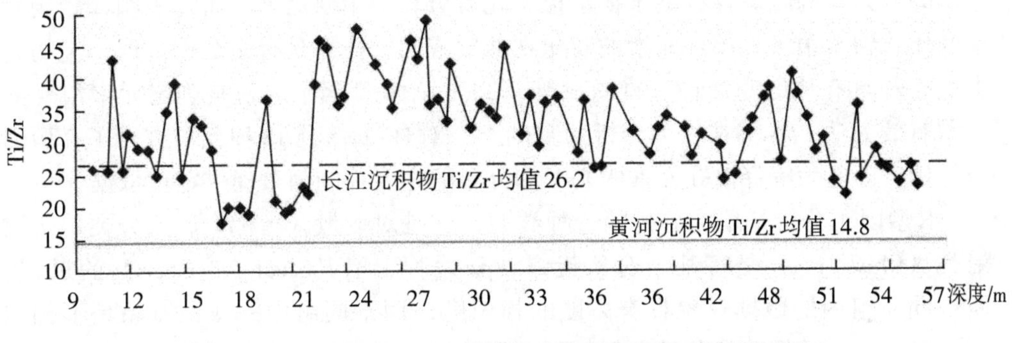

图4-19 HYZK5孔Ti /Zr的垂向变化及与长江、黄河的对比

判断沉积物中地球化学元素的物源差异，除了可以通过比较沉积物中元素含量、不活动性微量元素的比值等方法外，还可以通过A-CN-K图解法来识别。在图4-20所示的A-CN-K图解上，HYZK5孔沉积物的化学风化趋势主要表现为CaO和Na_2O的淋失以及Al_2O_3和K_2O的相对富集，而且沉积物中所有的点几乎在一条直线上，其风化趋势线与A-CN连线只有一个交点，反映了各样品在化学风化之初的源岩具有相同的化学组成特征。

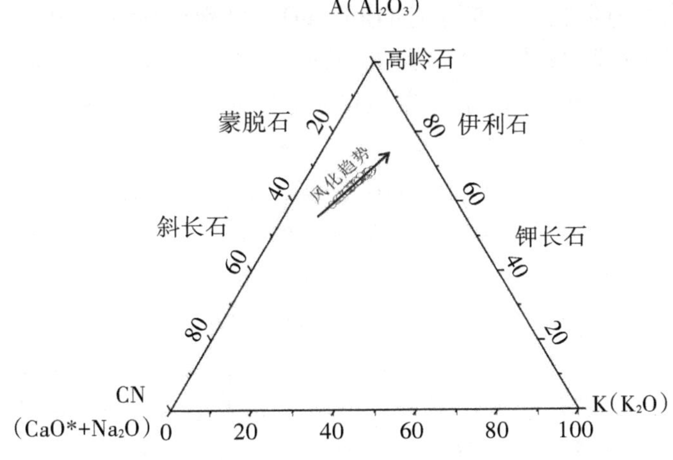

图4-20 HYZK5孔沉积物的A-CN-K(Al_2O_3-CaO*+Na_2O-K_2O)图解

通过前面对图4-17、图4-18和表4-10的分析，我们已经知道HYZK5孔C层常微量元素含量的垂向变化有三种类型，各种类型中的元素之间的相关系数（第三种类型只有一种元素除外）都很高，表明沉积物中许多元素的地球化学行为是相似的，元素的相关性有助于揭示控制元素分布的主要因素。研究表明，影响元素变化的因素很多，单种元素的变化在地质成因上往往具有多解性，但一定的元素组合却具有成因专属性（肖尚斌等，2005）。R型因子分析是确定元素组合的一种有效方法。本书在相关分析的基础上，对HYZK5孔15种元素进行了R型因子分析，以便为解释该孔元素的来源和分布的主要控制因素提供定量依据。

R型因子分析是聚类分析的一种类型，它是对变量（指标）进行分类。所谓聚类（Clustering）是将某个对象集体划分为若干组（Cluster或Class）的过程，使得同一组内的数据对象具有高度的相似度，而不同组中的数据对象是不相似的。聚类的目的是要使各类之间的距离尽可能远，而类中点的距离尽可能近，并且分类结果还要有令人信服的解释。

HYZK5孔沉积物元素R型因子分析结果见表4-12，前四个因子的方差极大旋转因子共说明了总方差的96.28%，可以全面地反映各元素的变化情况。

因子1解释了总方差的39.74%，所占比重在四个因子中最大，它所代表的地质作用是该孔元素分布变化的最主要控制因素。根据因子载荷值，可判断因子1的正载荷为Al_2O_3、K_2O、MgO、TFe_2O_3、Ti、Rb、Zn、Ni等的组合；负载荷为SiO_2、CaO、Na_2O、Sr等的组合。值得注意的是，虽然常量元素SiO_2的平均含量最高，但是其载荷值贡献却低于CaO和Na_2O，可能与HYZK5孔C层黏土含量较高有关。该因子反映的是HYZK5孔沉积物中元素分布的主要特点，即Si元素对其他化学元素具有稀释作用，随SiO_2含量增加，Al_2O_3、K_2O、MgO、TFe_2O_3、Mn、Ti、Rb、Zn和Ni等含量降低，呈现出较好的负相关关系，与CaO、Na_2O、Sr、Cr等之间为正相关关系（表4-10），CaO和Sr通常富集于粗颗粒沉积物中，说明了石英、碳酸盐矿物对其他组分的稀释作用。上述元素与沉积物的粒度，特别是黏土含量关系最为密切，反映了粒度对元素分布的控制作用。

因子2说明总方差的23.39%，其特征元素是Zr，元素Zr多以独立矿物——细的锆石形式存在。锆石广泛存在于酸性火成岩，也产于变质岩和其他沉积物中，表生作用中锆石化学性质极为稳定，该元素多富集于粉砂中（赵一阳等，1994）。元素Zr一般赋存于重矿物碎屑中（赵一阳，1983），正是径流携带的陆源碎屑矿物，说明长江流域岩石风化产物也是控制元素分布的因素之一。

表4-12 HYZK5孔沉积物元素旋转后因子的载荷值及累积方差(%)

元素	因子1	因子2	因子3	因子4
Zr	-0.334	-0.885	-0.264	0.133
Sr	-0.680	-0.578	-0.373	0.190
Rb	0.727	0.507	0.394	-0.195
Zn	0.621	0.504	0.516	-0.244
Ni	0.691	0.504	0.420	-0.194
TFe_2O_3	0.646	0.458	0.546	-0.252
Mn	0.471	0.480	0.640	-0.218
Cr	-0.165	-0.117	-0.186	0.960
Ti	0.885	0.229	0.280	-0.231
CaO	-0.649	-0.583	-0.294	0.166
K_2O	0.701	0.433	0.489	-0.262
SiO_2	-0.509	-0.295	-0.669	0.433
Al_2O_3	0.717	0.430	0.501	-0.179
MgO	0.713	0.452	0.443	-0.122
Na_2O	-0.592	-0.337	-0.621	0.367
累积方差/%	39.74	63.13	84.68	96.28

因子3说明总方差的21.55%，其特征元素是SiO_2、Na_2O和Mn，SiO_2、Na_2O一般分布在粗颗粒中，Mn与Na_2O、SiO_2的载荷值相反，可能与生物的富集作用有关，海洋生物作用是控制元素来源和分布的又一因素，或者存在所谓的Mn-Fe循环，即与氧化还原状况相关。

因子4说明总方差的11.6%，其特征元素是Cr，与Zr一样，Cr一般赋存于重矿物碎屑中，是长江流域岩石风化的产物。沉积岩中铬的含量与其当时所处的古地理环境有着十分密切的关系（刘英俊等，1984），在表生带强烈氧化条件下，Cr^{3+}氧化成Cr^{6+}，使不活动的铬离子变为易溶的铬阴离子发生迁移；在有机质丰富的介质中，由于腐殖酸作用，铬也可以从含铬的硅酸盐矿物中被溶解出来，被胶体搬运并由离子吸附而富集在细粒的黏土里；有机质在成岩过程中分解出CO_2、NH_3和有机酸，可以将铬从沉积物中溶滤出来，在还原条件下Cr^{6+}变为Cr^{3+}产生沉淀。因此，在HYZK5孔中Cr的变化可能与其氧化还原环境密切相关。

根据图4-21所示的HYZK5孔沉积物元素R型聚类分析的距离远近关系，其元素可以分为三大类，SiO_2、Na_2O、CaO、Sr和Zr为第一类组合；Al_2O_3、K_2O、MgO、TFe_2O_3、Mn、Ti、Rb、Zn和Ni为第一类组合；Cr元素单独为第三类组合，与前面根据元素之间的相关系数所做的分类结果完全吻合。

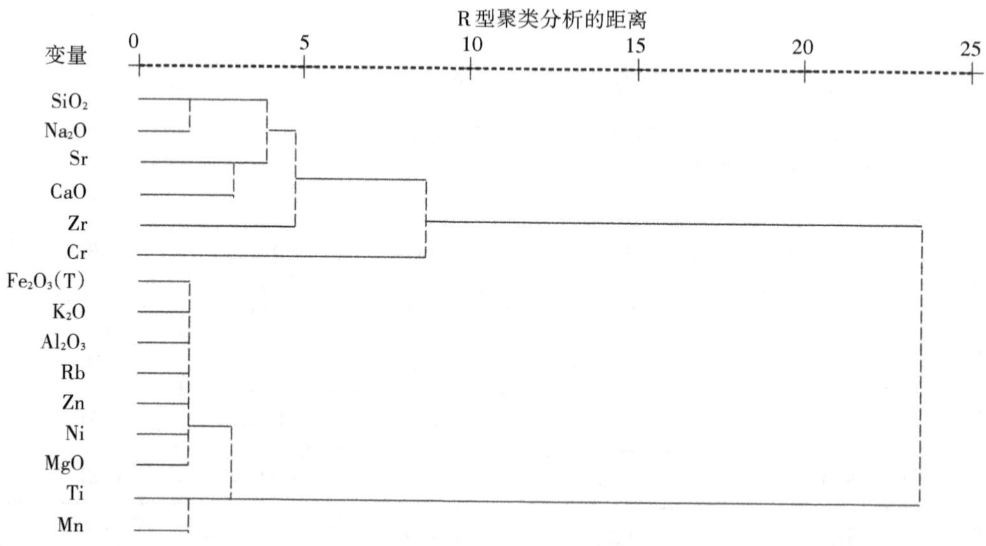

图4－21　HYZK5孔沉积物元素R型聚类分析

综上所述，A-CN-K图解反映了HYZK5孔沉积物在化学风化之初的源岩具有相同的化学组成特征；Ti和Ti/Zr的均值，与长江沉积物非常接近，因此长江口HYZK5孔的沉积物可能主要来自于长江带来的泥沙。HYZK5孔沉积物元素R型因子分析结果表明，其元素来源和分布主要受源岩、粒度和海洋生物等因素的控制。根据R型聚类分析的距离远近关系，其元素可以分为三大类，与根据元素之间的相关系数的分类结果完全吻合。

4.7.2.3　地球化学元素比值指示的气候变化

根据前面的分析，本书采用以下地球化学元素的比值作为气候变化的替代指标：K_2O/Na_2O、K_2O/CaO、$A1_2O_3/Na_2O$、MgO/CaO、Rb/Sr和*CIA*。之所以选用多个比值来反映气候变化状况，是考虑到本区处于海陆交互作用的开放性系统中，其沉积环境比较开放，地球化学指标间的相互印证，可以避免庞杂因素的干扰，同时进行多指标的相互比较和校正以保证获取的古气候环境信息的可靠性和准确性。在这些气候变化代用指标中，*CIA*值反映的是硅酸盐矿物（主要是长石矿物）的风化程度，不受元素迁移后再淀积的影响（杨守业等，2001）。因此，*CIA*可以很好地反映沉积物形成时的化学风化情况而不是后期环境变化，在化学风化研究中得到了广泛运用（Nesbitt et al，1982）。Nesbitt等（1982）提出可以用*CIA*指数来确定物源区的化学风化程度，其值越大，风化程度越大。未风化的长石*CIA*为50，伊利石和蒙脱石为75～85，高岭石和绿泥石则接近100（Nesbitt et al，1982），即化学风化程度不同，形成的矿物也不同，*CIA*值也不一样，化学风化越强，*CIA*值越高。*CIA*的计算公式为：

$$CIA = [Al_2O_3/(Al_2O_3+CaO^*+Na_2O+K_2O)]\times100$$

式中的化学成分含量均为摩尔分数，CaO^*指存在于硅酸盐中的CaO，而不包含碳酸盐和磷酸盐中的CaO。由于硅酸盐中的CaO和Na_2O的含量通常以1：1的比例存在，所以Mclennan（1993）认为当CaO的含量大于Na_2O的含量时，可以认为$M(CaO^*)=M(Na_2O)$；而当CaO的含量小于Na_2O的含量时，可以认为$M(CaO^*)=M(CaO)$。本书中CaO的含量大于Na_2O的含量，所以取$M(CaO^*)=M(Na_2O)$。

与*CIA*的大小主要受控于温度和降水量的变化不同，虽然沉积物中Sr的淋失和Rb的相对富集均受气候环境的影响，但它们最主要是受降水量的控制，而降水量是指示夏季风强度的主要指标。因此Rb/Sr比值的变化实际上记录了夏季风环流强度的大小（Gallet et al，1996）。

风化成壤过程中Rb、Sr分离现象早在1969年就已经被学者Dasch发现（Dasch，1969）。沉积剖面中Rb、Sr的分异可归因于这两种元素表生地球化学行为的差异（Glodstein，1988）。Rb和Sr都是典型的分散元素，在自然界中主要以类质同象的形式分布于各类造岩矿物中，很少形成各自的独立矿物。由于Rb与K、Sr和Ca具有相近的离子半径、电位等地球化学参数，因此在各类岩石中Rb主要分散在黑云母、白云母、钾长石等含K的矿物中，而Sr则以类质同象形式赋存于硅酸盐（斜长石、角闪石、辉石等）和碳酸盐等含Ca的矿物中。在风化过程中，Rb、K与黏土具有强亲和性，黏土矿物稳定性相对较高。因此在风化成壤过程中Rb被吸附在钾长石、云母类风化而成的黏土矿物（如蒙脱石、伊利石等）中，地球化学行为稳定，主要保留在原地或沉积物中；而含Ca和Sr的碳酸盐风化后将发生分解，因此Sr将呈离子形态与Ca^{2+}一同进入溶液，从而造成了Rb和Sr的分离。

Rb、Sr地球化学性质的明显差异，导致在表生地球化学过程中两者常发生分馏，使得风化壳残留部分的Rb/Sr比值逐渐增大，且与风化强度成正比（庞奖励等，2001）。进一步的研究发现（Ingram et al，1992），在搬运－沉积以及与层间介质水长期接触过程，甚至包括整个低温成岩过程中，沉积碎屑中的Sr不会发生改变，也不会与各类水体的Sr达到平衡。同时，由于^{87}Rb的半衰期很长（4.88×10^{10} a），所以可以不考虑近万年以来由于^{87}Rb衰变引起的Sr的增加。在影响风化物遭受淋失程度的气候要素中，降水量应该占主导地位。降水量的变化直接影响着流域植被的发育特征、矿物的风化程度和酸性淋溶作用的强弱。

尽管表生过程中Rb、Sr的分离及其风化残留部分Rb/Sr比值随风化强度的增强而增大的机制已经非常明了，但是在具体的沉积物中Rb/Sr比值与化学风化强度之间的关系上尚存在不同的认识，存在一定的争议。

部分学者认为沉积物中Rb/Sr比值与化学风化强度成反相关。姜在兴（2003）、鲜本忠等（2005）认为在海相盆地或陆相盆地中高Rb/Sr值常指示干冷气候控制下的弱风化作用，而低Rb/Sr值则指示湿热气候控制下的强风化作用，其形成机理为随着化学风化程度的加强，残留部分的Rb/ Sr值逐渐增大；相应地，流域内硅酸盐化学风化率增大将导致更多的Sr带入沉积盆地，从而使海洋和湖泊沉积物的Rb/ Sr值变小。申洪源等（2006）也认为内蒙古黄旗海湖泊沉积物中高Rb/Sr值反映流域的弱化学风化过程，对应于气候的冷干，并且阐明了其形成机制：就封闭流域来说，土壤和湖泊水体对于Sr的迁移，前者是源（提供者），后者是汇（接受者）。黄旗海湖泊沉积物中Sr的含量变化与土壤中的趋势相反，湖泊沉积物剖面下部Sr的含量高，化学风化程度高，Rb/Sr值小，反映了该阶段降水量较大，为高湖面期，从而造成土壤中的Sr大量迁移到湖泊中。此外，金章东等（2001）和沈吉等（2001）对湖泊沉积物的研究也得出类似的结果，认为较低的Rb/Sr比值代表化学风化较强烈的潮湿条件；相反，Rb/Sr比值大代表干旱气候。

王冠民在其博士论文（2005）中却认为陆相盆地与海相环境下Rb/Sr比值的含义相反。王冠民（2005）通过济阳坳陷古近系湖相泥岩和页岩中Rb/Sr比值研究认为，在海相环境下，气候潮湿时，物源区化学风化强烈，Rb析出后易被黏土吸附而残留原地，Sr随河水进入海洋，故而潮湿环境下Rb/Sr比值变小。但在陆相盆地中，尽管潮湿条件下的化学风化作用强烈，Rb大量析出而被黏土吸附，但这些黏土一般不会残留原地，而主要是被剥蚀搬运进入盆地，大量吸附Rb的黏土被搬运至湖泊中央沉积下来；同时进入湖盆的溶解Sr^{2+}一般则是在偏干旱时与碳酸盐中的Ca^{2+}类质同象而沉积，所以就造成了潮湿环境下Rb/Sr比值的加大。故而，在陆相盆地中，Rb/Sr比值的含义实际上是与海相条件下相反的。

与王冠民的观点相类似，陈骏等（2001）认为，地球化学参数Rb/Sr值可以作为陕西洛川黄土区夏季风波动的敏感性指标，Rb/ Sr高值对应于强化学风化作用（陈骏等，1998）；同样申洪源等（2006）认为，因为Rb、Sr迁移转化都是受降水量控制的，而降水量是确定中国夏季风强度变化的主要指标。因此，Rb/Sr值的变化可以记录夏季风环流强度的大小。肖尚斌等（2007）对中国陆架边缘海陆架泥质沉积物的研究表明，源自于珠江/长江的碎屑沉积物Rb/Sr比值的变化，可以反映各自流域降雨量的变化。这是因为珠江和长江流域分别地处热带、亚热带季风气候区，气候温和多雨，而在这种气候条件下由于化学风化率的高低引起沉积物中Sr含量变化的主要决定因素是降水量（Dunne，1978）。基于同样的认识，王顺华等（2007）通过对东海内陆架闽浙沿岸泥质沉积区Rb、Sr含量研究，揭示了近2 ka以来气候变化的高分辨率曲线。

具体到本书而言，河口湾-浅海相沉积物中高Rb/Sr值到底指示干冷气候控制下的弱风化作用，还是暖湿条件下的强风化作用呢？从本书的实验数据来看，笔者更倾向于认为两者应该成正相关，也就是说高的Rb/Sr值指示暖湿条件下的强风化作用。这样的解释与其他的地球化学指标可以相吻合。在河口湾－浅海相沉积物中高的Rb/Sr值指示暖湿条件下的强风化作用的机制可以解释如下：河口湾－浅海相沉积物来源于长江流域径流风化剥蚀搬运带来的泥沙，沉积物中出现的含量相对较高的黏土矿物，只能是由长江流域径流带来的陆源碎屑，潮湿条件下的化学风化作用强烈，Rb大量析出后被黏土吸附，但这些大量吸附Rb的黏土一般不会残留原地，而主要是被剥蚀搬运至河口湾－浅海地区沉积下来，结果导致Rb/Sr值增大。至于随着化学风化程度的加强为什么海相沉积物中的Rb/Sr值却比较小呢？笔者的解释是由于降水量的增大，导致土壤等陆源碎屑物被侵蚀程度加强，大量的Sr随径流进入海洋，而吸附Rb的黏土矿物在进入深海沉积环境之前就已经在河口－浅海区大量沉积，在深海区黏土沉积量、沉积速率均很低，深海沉积物中Rb的含量就比较低，这就是在气候暖湿环境下，深海相沉积物中Rb/Sr值比较小的原因。

HYZK5孔化学风化参数的变化如图4-22所示。从整体上来看，K_2O /Na_2O、K_2O/CaO、$A1_2O_3$ / Na_2O、MgO/CaO、Rb/Sr和*CIA*这6个风化参数的垂向变化非常相似，它们之间的相关系数介于0.872～0.996之间（表4-13），呈现很好的正相关，在C层上部和下部波动幅度较大，中部变幅较小。

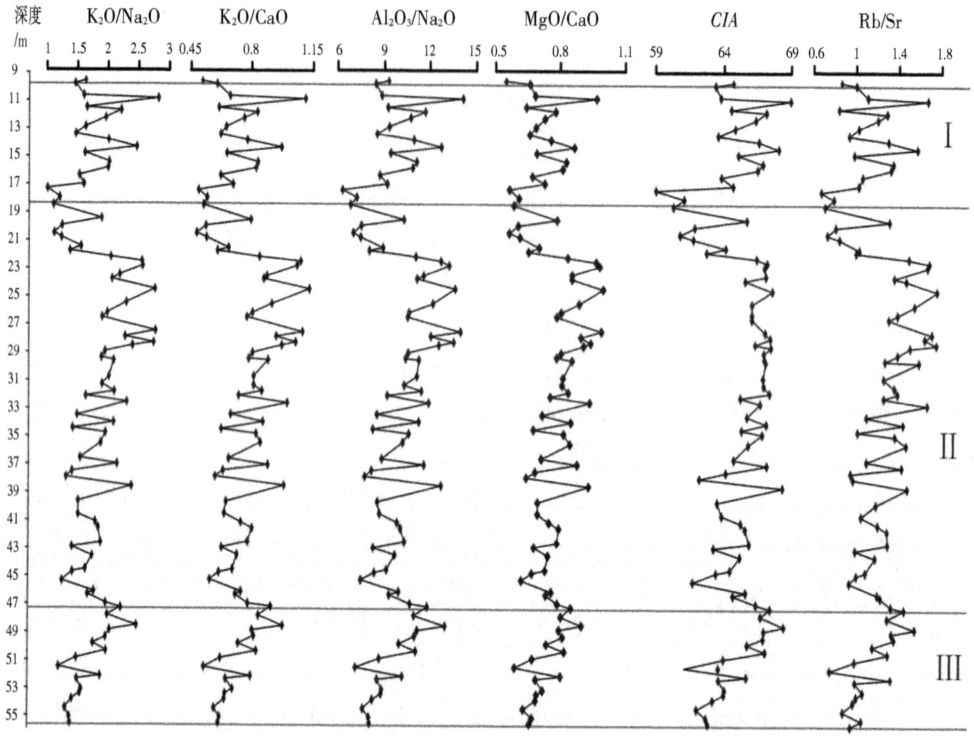

图4-22　HYZK5孔孔深9.9～55.7 m段化学风化参数的垂向变化

表4-13　HYZK5孔风化参数之间的相关系数

	K_2O/Na_2O	K_2O/CaO	Al_2O_3/Na_2O	Rb/Sr	*CIA*	MgO/CaO
K_2O/Na_2O	1					
K_2O/CaO	0.978	1				
Al_2O_3/Na_2O	0.996	0.972	1			
Rb/Sr	0.950	0.972	0.945	1		
CIA	0.895	0.873	0.916	0.875	1	
MgO/CaO	0.954	0.991	0.952	0.974	0.872	1

由于K_2O /Na_2O、K_2O/CaO、Al_2O_3 / Na_2O、MgO/CaO、Rb/Sr和*CIA*等6个风化参数具有很好的相关性，变化趋势非常相似，因此本书仅以*CIA*和Rb/Sr两个风化参数的变化为例，来说明HYZK5孔所反映的气候环境变化。HYZK5孔C层*CIA*和Rb/Sr之间的相关系数为0.875（表4-13），呈较好的正相关，其均值分别为65.27和1.224，波动变化范围分别为59.07～67.637和0.669～1.756，变化比较明显。根据风化参数*CIA*和Rb/Sr曲线的垂向变化特征，可将HYZK5孔C层全新世以来的气候环境变化分为四个阶段：

（1）47.3～55.7 m：化学风化参数值由下向上呈现快速增加趋势，*CIA*均值为65，波动变化于61.243～68.557之间；Rb/Sr均值为1.153，波动变化在0.766～1.561之间；可能反映了全新世早期由于温度快速上升而引起的化学风化作用快速增强。但在孔深51.6 m处，*CIA*和Rb/Sr值分别为61.243和0.766，远低于该段的平均值，表明在此期间，出现一次短暂的降温事件。

（2）22～47.3 m：化学风化参数值先是由下向上快速减小，然后向上呈现缓慢波动上升趋势，*CIA*均值为65.929，波动变化于61.847～67.637之间；Rb/Sr均值为1.338，波动变化在0.944～1.756之间；*CIA*和Rb/Sr平均值为HYZK5孔C层的最高值，可能反映了全新世中期气候最为暖湿且较为稳定的特征，相应的化学风化作用最强。从*CIA*值的波动变化幅度来看，本阶段可分为明显的两段：下段（32～47.3 m）波动幅度较大；上段（22～32 m）波幅很小且*CIA*均值高达66.876，表明进入全新世中期以来，早期气候虽然总体上趋于暖湿，但是还存在冷暖干湿的较大波动，此时间段内至少有三次较大的降温事件，分别出现在孔深45.4 m、39～41 m和38 m，其中45.4 m的降温事件很可能与8200 a BP的降温事件相吻合；而在全新世中期的后期气候最为暖湿且稳定，可能反映了此时夏季风强度达到了全新世以来的最大值。但从Rb/Sr比值的大小和波动幅度来看，在此阶段中，上段与下段相比，Rb/Sr值不但表现为高值，而且也表现出很大的波动性，表明Rb/Sr比值对气候环境的变化比*CIA*指标更加敏感。

（3）17.3～22 m：*CIA*和Rb/Sr均值分别为61.965和0.876，化学风化参数为HYZK5孔C层的最小值，*CIA*波动变化于59.07～65.755之间；Rb/Sr则在0.669～1.315之间波动，反映了全新世中晚期气候冷干。但在孔深19.6 m处，*CIA*和Rb/Sr值分别为65.755和1.315，为该段的最高值，表明在此期间，出现了一次短暂的升温事件。

（4）9.9～17.3 m：*CIA*和Rb/Sr均值分别为65.631和1.177，化学风化参数较阶段（3）明显上升，*CIA*波动变化于64.58～68.968之间；Rb/Sr则在0.838～1.671之间波动，在均值附近波动且幅度大，稍呈上升趋势，反映了全新世晚期气候波动频繁且较大。从*CIA*值来看，至少在孔深13.5 m处，出现了一次短暂的冷干事件。但从Rb/Sr比值的波动幅度来看，至少出现了三次较为明显的冷干事件，它们分别在孔深14.9 m、13.5 m和11.6 m，反映了Rb/Sr比值对气候环境的变化比*CIA*更敏感。

小结：HYZK5孔6个风化参数K_2O /Na_2O、K_2O/CaO、$A1_2O_3$ / Na_2O、MgO/CaO、Rb/Sr和*CIA*等具有很好的相关性，变化趋势非常相似，反映了该剖面全新世以来古气候环境的演变经历了升温—暖湿—冷干—温湿的演变过程，早期和晚期气候很不稳定，变幅较大且比较频繁，而在中期气候最为暖湿且比较稳定。另外在此过程中，至少存在6次降温变干事件。通过*CIA*和Rb/Sr这两个风化参数的对比分析研究，可以发现后者对气候变化更敏感，主要表现在*CIA*值非常稳定的全新世中期，Rb/Sr值不但表现为高值，而且也表现出很大的波动性。

第五章　长江口全新世以来区域古气候古环境记录的对比研究

在第四章中，本书从HYZK5孔沉积物样品中分别提取了粒度、磁化率、有孔虫丰度、有机碳同位素、地球化学等环境代用指标信息，并逐一分析了它们的垂向变化特征。其实，源自同一样品的不同环境代用指标之间存在着密切的联系，是一个有机的整体，同一钻孔不同深度、不同代用指标的垂向变化是沉积环境随时间变化的反映和结果，不同环境代用指标之间的相互验证和对比，可以更好地重建古气候古环境的演变过程。本章拟依据中国东部地区全新世以来古气候古环境演化的研究成果所提供的背景资料，结合HYZK5孔沉积物的岩性（地层学）特征，对上述多种环境代用指标进行综合对比分析，并将长江口与其他区域古环境记录对比，尝试性地分析和探讨长江口地区古气候环境演化的过程以及东亚夏季风的演变机制。

5.1　长江口全新世的古气候古环境重建

5.1.1　长江口全新世多种环境代用指标综合对比分析

由粒度分析和图5-1可知，HYZK5孔C层Ⅰ、Ⅱ、Ⅲ三个亚层黏土平均含量由下向上依次减少，下部Ⅰ亚层黏土含量高于其上部的Ⅱ、Ⅲ两个亚层，*TOC*、*TN*含量相应值也最高。虽然Ⅱ亚层黏土含量高于Ⅲ亚层，但*TOC*、*TN*含量却低于Ⅲ亚层。这是因为沉积物中有机碳氮含量的多少除与黏土含量有关外，可能还受有机碳氮的来源、分解速率和保存条件等因素的影响。从图5-1中$\delta^{13}C$和地球化学元素曲线的垂向变化所反映的气候变化来看，由下部的Ⅰ亚层到Ⅱ亚层，气候总体上趋于暖湿，导致有机质的分解速率加快；由Ⅱ亚层到Ⅲ亚层，气

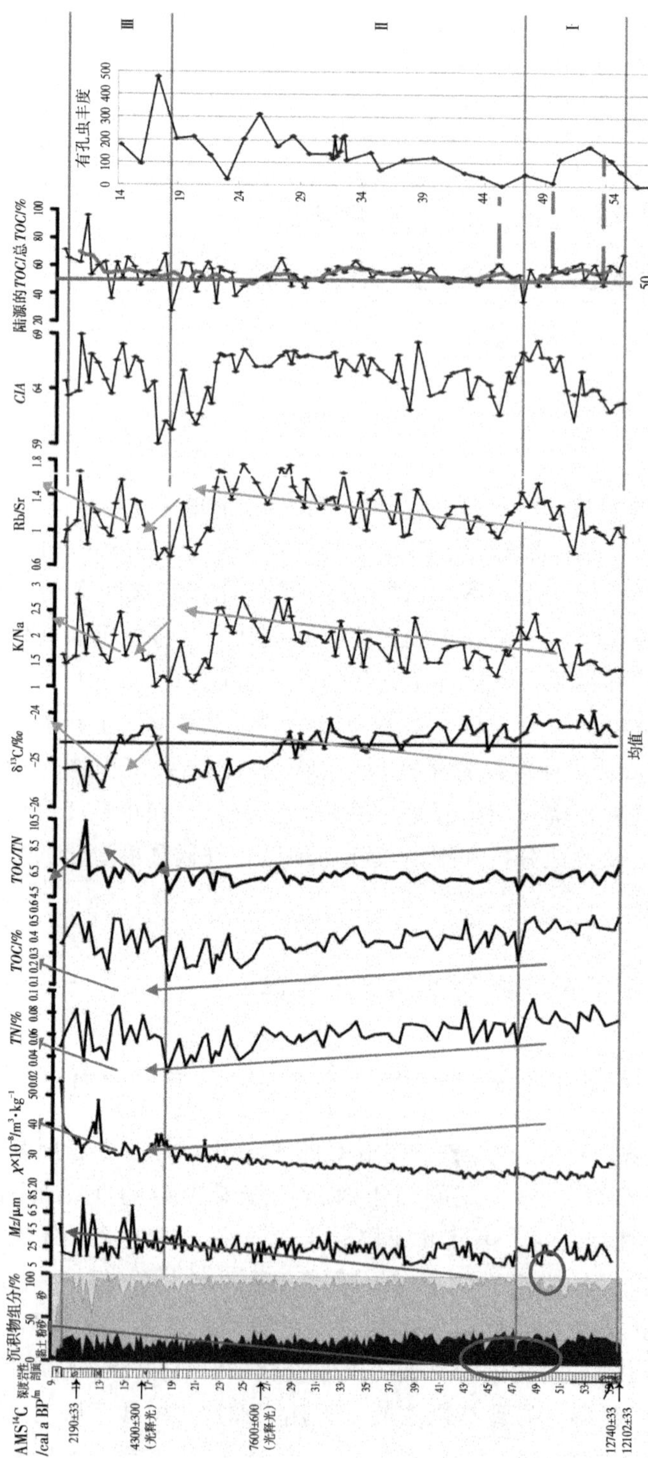

图5-1　HYZK5孔C层多环境代用指标综合图

候总体上趋于冷干，有机质的分解速率降低，以及全新世后期人为因素增强的影响，水土流失增加，沉积物供应和充填迅速，有机质降解慢，因此，高等植物碎屑在砂质沉积物中保存较好。这正是HYZK5孔C层黏土含量与*TOC*、*TN*含量之间的关系垂向变化不一致的原因。

据表4-1和图5-1可知，HYZK5孔C层Ⅰ、Ⅱ、Ⅲ三个亚层*Mz*由下向上有增大的趋势，但是上、下段两个亚层沉积物的*Mz*曲线呈锯齿状，变幅较大，中间的Ⅱ亚层变化相对和缓，反映了上、下段水动力条件较中段强且比较动荡。Ⅰ亚层底部见有大贝壳和泥质结核，出现以灰色泥为主的薄层粉砂或砂夹层和团块，微波状层理和透镜状层理；Ⅰ亚层底部开始出现有孔虫，表明HYZK5孔此时已经受到海水的侵袭，此后有孔虫丰度开始增大，但在孔深42～50 m有孔虫丰度为明显的低值区，尤其是在孔深45.4 m层位仅见一枚有孔虫，表明在全新世海平面快速上升过程中出现过短暂的停顿。因此本书认为Ⅰ亚层的沉积环境可能为受海侵影响的河口湾滨岸环境，受径流、波浪、潮汐、风暴潮等水动力因素的影响，水动力较强。Ⅰ亚层底部两个贝壳样测年结果出现倒置现象，可能就是由于受海侵的影响，水深较小，侵蚀力较强，较老的贝壳被侵蚀、搬运再次沉积的结果。Ⅲ亚层磁化率χ与其砂的高含量相一致，反映了由于水下三角洲的进积形成了水动力较强的浅海环境。图5-1陆源沉积物*TOC*/总*TOC*的变化曲线表明，中部的Ⅱ亚层陆源沉积物*TOC*所占的比例最小，*TOC/TN*比值最小，说明此时有机质的来源中来自水生的藻类的贡献增加，而流域陆源有机质的贡献减小，可能反映了此时HYZK5孔距离河口较远以及水体较深，或者说海平面较高。Ⅱ亚层岩性相对均一的黏土质粉砂以及*Mz*、磁化率χ变幅很小，同样反映了较为稳定的浅海沉积环境。如图5-1所示，Ⅱ亚层$\delta^{13}C$值偏负、地球化学元素K_2O /Na_2O、Rb/Sr和*CIA*值偏正均显示此阶段为气候暖湿的大暖期，降水量丰富，由径流带来的有机质多，按理陆源*TOC*和*TOC/TN*应该较高，但是中部的Ⅱ亚层陆源沉积物*TOC*所占的比例最小，*TOC/TN*比值最小。其原因可能来自三个方面：一是大暖期气候暖湿，虽然径流输入的陆源有机质增多，但其分解速度加快，导致其*TOC*降低；二是大暖期时海平面上升，HYZK5孔与河口距离增加，水深加大，水面开阔，陆源有机质分散，沉积速率下降；三是此时海水自身的生物来源丰富，使得陆源有机质含量下降。

前人研究认为，对沉积环境稳定的均质泥中敏感粒级组分的分离提取，可以推断气候环境的演化历史，并取得了不少研究成果（孙有斌等，2003）。本书对HYZK5孔孔深16.9～54.9 m段沉积环境最为稳定的均质泥进行了敏感粒级组分的分离提取，认为12.99～83.89 mm（组分2）是对环境最为敏感的组分。

长江口黏土质粉砂沉积物的主要来源是长江径流所带来的泥沙，但是长江口的悬浮物质并非全部在长江口区沉积下来，沉降的泥沙以粉砂为主，更细小的黏土物质还要向东向南扩散，而且其沉降后，还要受到冬季风引起的风暴潮以及波浪、潮汐、沿岸流等动力的强烈改造。如现代东海内陆架闽浙沿岸表层泥质沉积物主要是长江输送的沉积物由冬季沿岸流输送而沉积的产物（肖尚斌等，2005）。如果按照肖尚斌等（2005）对现代东海内陆架闽浙沿岸表层泥质沉积物形成原因的解释，则可以认为HYZK5孔的沉积物为长江径流带来的表层沉积物在冬季风的再侵蚀、再悬浮、再搬运后的剩余产物。冬季风强烈时，通过闽浙沿岸流带走的细颗粒物质较多，剩余的颗粒较粗，反之则反。在下部的Ⅰ亚层，粒径较细；在上部的Ⅲ亚层，粒径较粗，反映了由Ⅰ亚层到Ⅲ亚层长江口冬季风的强度在增强。这种沉积特征可能反映在全新世的早期，夏季风较强，带来了大量的细颗粒沉积物，加上当时冬季风较弱，沉积物受到的侵蚀改造程度较小，因而下部的颗粒较细。但是这一解释难以说明在全新世大暖期夏季风最强烈的19～23 m段黏土含量却很小的事实。因而HYZK5孔敏感粒级组分并不能直接反映夏季风或者冬季风的演化，其粒度的大小和结构受气候、径流、潮流、波浪以及沉积地貌环境等因素的制约，是以上诸因子共同作用的产物，沉积物粒度可以反映水动力强度的变化。另外，通过图5-2的分析对比可以发现，敏感粒级组分的平均粒径与反映气候变化的代用指标$\delta^{13}C$、地球化学元素曲线在垂向变化上可比性较差，而且敏感粒级组分的平均粒径除与$\delta^{13}C$具有较强的负相关性外（相关系数为-0.427），与K/Na、Rb/Sr、*CIA*之间的相关系数很低（表5-1），即敏感粒级组分的平均粒径与东亚季风强度之间并没有直接联系，表明HYZK5孔中粒度-敏感粒级组分并不能反映东亚季风的演化过程。

表5-1　HYZK5孔敏感粒级组分与其他气候替代指标之间的相关系数

	组分2 *Mz*	$\delta^{13}C$	K/Na	Rb/Sr	*CIA*
组分2 *Mz*	1				
$\delta^{13}C$	-0.427	1			
K/Na	-0.084	-0.057	1		
Rb/Sr	-0.122	-0.059	0.966	1	
CIA	-0.194	0.128	0.881	0.888	1

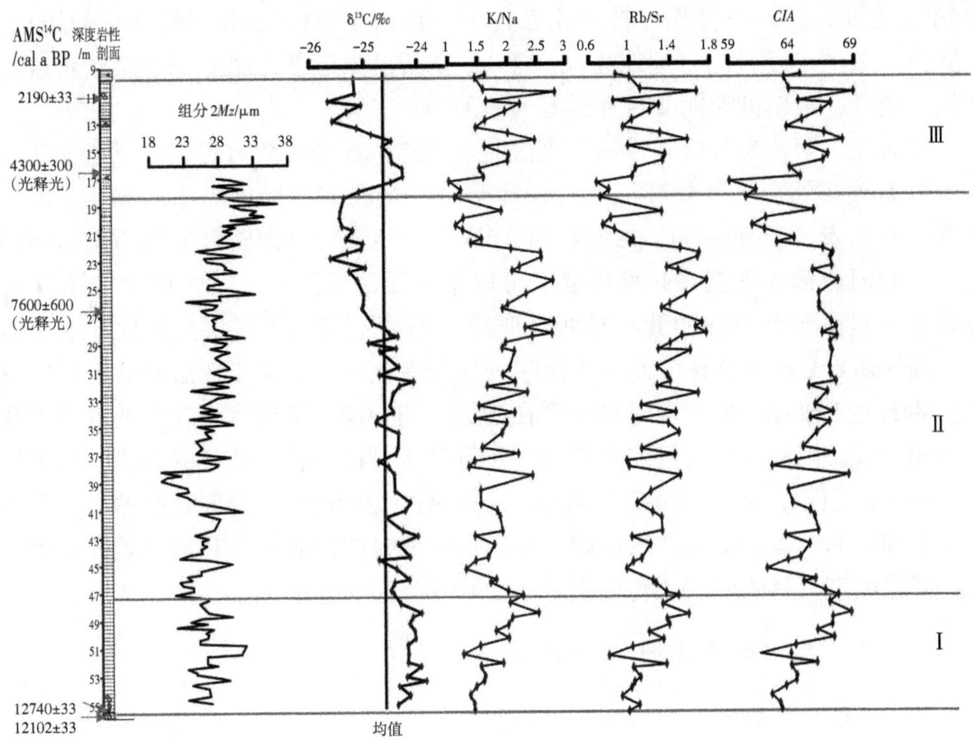

图5-2　HYZK5孔敏感粒级组分与δ13C、K/Na、Rb/Sr和*CIA*指标的对比

在图5-1所示的反映古气候变化的代用指标中，地球化学元素和稳定同位素δ13C曲线呈现明显的反向变化趋势，而且δ13C的变化滞后于地球化学元素指标的变化，它们在时序上并非表现为一一对应关系（周杰等，1999）；同时地球化学元素比稳定同位素更加敏感，波动幅度更大和变化频率更高。表5-1所示的δ13C与K/Na、Rb/Sr、*CIA*之间的相关系数很低，很好地说明了它们之间的这种变化特征。其主要原因在于无机地球化学元素与物理过程联系较多，而稳定同位素与生物化学过程联系更为密切。有机质主要来源于植物有机体，植物有机体响应于气候的变化，但有一个响应的过程，即有机质的变化要经过气候的变化才能表现出来，并不是气候一发生变化，就立即会在有机质中体现出来，并且有机质的变化更多地与沉积物的后期成岩作用变化相联系；而无机地球化学元素的化学风化过程比有机质的变化过程要迅速。这种滞后效应在孔深11～29 m表现最为明显，在孔深47～49 m之间也有所体现（图5-1）。如前所述，在长江口HYZK5孔中，δ13C偏负，反映气候趋于暖湿；无机地球化学元素指标K_2O /Na_2O、Rb/Sr和*CIA*值偏正，表明气候暖湿。地球化学元素曲线和稳定同位素δ13C呈现明显的反向变化趋势（图 5-1），正好相互补充相互佐证，反映了 HYZK5 孔气候演化的历史：全新世早期的迅速升温（但比现在凉干），全新世中期最为暖湿，中全新世晚期又趋于变冷，全新世晚期又转为温湿气候的特征。

有研究表明，当气候相对偏于暖湿时，河口沉积物中含有更多的黏土矿物和更少的石英矿物；当气候环境相对偏冷干时，情况则相反（周厚云等，2001）。还有一些学者（Wang et al，1999）研究认为，黏土粒级物质常被认为来自河流输入，而河流输入强度在某种程度上可以指示夏季风强度。虽然 HYZK5 孔 Ⅰ 亚层黏土含量高于其上部的 Ⅱ、Ⅲ 两个亚层，但并不表明 Ⅰ 亚层气候比 Ⅱ 亚层暖湿。因为从 $\delta^{13}C$ 和地球化学元素所反映的气候变化来看，从 Ⅰ 亚层到 Ⅱ 亚层，气候总体上趋于暖湿，指示夏季风强度在增加，与中国东部地区全新世的气候演化规律相一致。因此黏土含量的高低在一定程度上可以反映径流量的多少，从而反映夏季风的强弱，但也不能完全对应（万世明，2006）。至于 Ⅰ 亚层黏土含量高于其上部的 Ⅱ、Ⅲ 两个亚层的原因，可能反映的是物源和沉积环境的差异，而不是气候的影响，具体原因还有待于进一步研究。

5.1.2 长江口全新世以来的古气候重建

在本书所分析的岩性、粒度、磁化率、有孔虫丰度、有机碳同位素、地球化学等环境代用指标中，地球化学元素和稳定同位素 $\delta^{13}C$ 是两种良好的常用气候变化代用指标，利用两者重建古气候古环境演化过程是当前全球变化研究的重要途径。前面本书对两者的环境指示意义已经做了详尽的分析，认为稳定同位素偏重时，指示气候冷干；当稳定同位素偏轻时，指示气候暖湿。地球化学元素比值 K_2O/Na_2O、Rb/Sr 和化学风化指数 *CIA* 的大小，反映了沉积物的化学风化程度，即元素的迁移淋失程度，这同沉积物形成时的气候环境尤其是大气降水量密切相关，可以视为夏季风强弱的替代指标。化学风化指数高，表明夏季风强；反之，化学风化指数低，指示夏季风弱。

前已述及，在 HYZK5 孔古气候变化的代用指标中，地球化学元素指标和稳定同位素 $\delta^{13}C$ 在时序上并非表现为一一对应关系（周杰等，1999），$\delta^{13}C$ 的变化滞后于地球化学元素指标的变化，两者明显的反向变化趋势正好相互补充相互佐证，反映了 HYZK5 孔气候演化的历史，同时地球化学元素比稳定同位素更加敏感，波动幅度更大、变化频率更高。因而本书依据剖面的岩性特征和测年数据，结合粒度、有机碳氮和有机碳同位素等环境信息，以对气候变化最敏感的地球化学元素指标为主要信息，恢复和重建全新世的古气候演化历史。根据图 5-1 所示的地球化学元素曲线的垂向变化特征，结合其他环境指标信息，可将 HYZK5 孔

C层全新世以来古气候变化所反映的夏季风演化过程分为四个阶段：

（1）47.3～55.7 m（全新世早期）：该段孔深55.75 m处的贝壳 ^{14}C 测年结果为12100±33 cal a BP。化学风化参数值由下向上呈现快速增加趋势，其均值均小于C层的平均值，其中*CIA*均值为65（表5-2），波动变化于61.243～68.557之间；Rb/Sr均值为1.153，波动变化在0.766～1.561之间；稳定同位素 $\delta^{13}C$ 在-24.48‰～-23.90‰之间波动，变幅较小，均值为-24.204‰，为C层的最高值。参数值可能反映了全新世早期由于东亚夏季风开始逐渐增强，温度快速上升而引起的化学风化作用快速增强。但在孔深51.6 m处，*CIA*和Rb/Sr值分别为61.243和0.766，远低于该段的平均值，表明在此期间，出现了一次短暂的降温事件。

表5-2　HYZK5孔主要气候代用指标的平均值

平均值	K/Na	Rb/Sr	*CIA*	$\delta^{13}C$/‰
C层(9.9～55.7 m)	1.823	1.224	65.270	-24.657
阶段(1)(47.3～55.7 m)	1.724	1.153	64.999	-24.204
阶段(2)(22～47.3 m)	1.952	1.338	65.929	-24.629
阶段(3)(17.3～22 m)	1.306	0.876	61.965	-25.212
阶段(4)(9.9～17.3 m)	1.870	1.177	65.631	-24.907

（2）22～47.3 m（全新世中期）：该段孔深26.4～26.5 m的光释光年龄为7600±600 a BP。化学风化参数*CIA*值先是由下向上快速减小，然后向上呈现缓慢波动上升趋势，*CIA*均值为65.929，波动变化于61.847～67.637之间；Rb/Sr均值为1.338，波动变化在0.944～1.756之间；$\delta^{13}C$ 均值为-24.629‰，稍高于C层的均值。*CIA*和Rb/Sr平均值为HYZK5孔C层的最高值，可能反映了全新世中期东亚夏季风强盛，气候最为暖湿的特征，相应地化学风化作用最强。从*CIA*值的波动变化幅度来看，阶段（2）可分为明显的两段：下段（32～47.3 m）*CIA*值波动幅度较大，介于61.85～68.40之间波动。上段（22～32 m）*CIA*值波动变化于65.65～67.64之间，波幅很小，且*CIA*均值高达66.876，表明进入全新世中期以来，早期（32～47.3 m）气候虽然总体上趋于暖湿，但是还存在冷暖干湿的较大波动，此时间段内至少有3次较大的降温事件，分别出现在孔深45.4 m、39～41 m

和38 m，其中45.4 m的降温事件很可能与8200 a的降温事件相吻合；而在中全新世中期（22～32 m）气候最为暖湿且稳定，可能反映了此时夏季风强度达到了全新世以来的最大值。从Rb/Sr比值的大小和波动幅度来看，在整个阶段（2）中，Rb/Sr值不但表现为高值，而且也表现出很大的波动性，即使在*CIA*值高且稳定的上段（22～32 m），Rb/Sr变化也是如此，表明Rb/Sr比值对气候环境的变化比*CIA*指标更加敏感。

（3）17.3～22 m（中全新世晚期）：*CIA*和Rb/Sr均值分别为61.965和0.876，化学风化参数为HYZK5孔C层的最小值，*CIA*波动变化于59.07～65.755之间；Rb/Sr则在0.669～1.315之间波动，其中孔深17.5 m处，*CIA*和Rb/Sr值均为C层的最小值，反映了中全新世晚期东亚夏季风明显衰退，气候冷干。但在孔深19.6 m处，*CIA*和Rb/Sr值分别为65.755和1.315，为该段的最高值，表明在此期间，出现一次短暂的升温事件。但是该段$\delta^{13}C$均值为-25.212‰，为C层的最小值，似乎反映了该段气候最为暖湿，与*CIA*和Rb/Sr指示的气候状况相悖，这主要是由于稳定同位素滞后于无机地球化学元素指标的变化所致。

（4）9.9～17.3 m（全新世晚期）：该段有两个测年数据，孔深16.4～16.5 m处的光释光年龄为4300±300 a BP，孔深11 m处的螺壳^{14}C测年为2190±33 cal a BP。*CIA*和Rb/Sr均值分别为65.631和1.177，化学风化参数较阶段（3）明显上升，*CIA*波动变化于64.58～68.968之间。Rb/Sr在0.838～1.671之间波动，均值附近波动频繁且幅度大，稍呈上升趋势，反映了全新世晚期东亚夏季风相对增强，气候波动频繁且波幅较大。从*CIA*值来看，至少在孔深13.5 m处，出现一次短暂的冷干事件。但从Rb/Sr比值的波动幅度来看，至少出现3次较为明显的冷干事件，它们分别在孔深14.9 m、13.5 m和11.6 m，同样反映了Rb/Sr比值对气候环境的变化比*CIA*更敏感。

小结：HYZK5孔Rb/Sr 、*CIA*等无机地球化学元素指标揭示了该剖面全新世以来古气候环境的演变经历了升温—暖湿—冷干—温湿的演变过程，早期和晚期气候很不稳定，变幅较大且比较频繁，而在中期气候最为暖湿且比较稳定，相应地，东亚夏季风经历了由逐渐加强—最为强盛—逐渐变弱—再增强的过程。另外在此过程中，至少在孔深51.6 m、45.4 m、39～41 m、38 m、17.3～22 m、13.5 m处存在6次明显的降温变干事件。通过*CIA*和Rb/Sr这两个风化参数的对比分析研究，可以发现后者对气候变化更敏感，主要表现为即使在*CIA*值高且非常稳定的全新世中期，Rb/Sr值不但表现为高值，而且表现出很大的波动性。

5.1.3 长江口沉积物对海平面波动的响应记录

地层对比和测年结果揭示HYZK5孔孔深55.7 m以浅的沉积层为全新世以来的充填物。该孔位于现今海面以下5 m，孔深55.7 m～57.6 m为全新世海侵之前的滨海湖沼相沉积，推测长江古河谷HYZK5孔的切割深度为62.6 m。前人研究认为，末次冰期海退引起的长江古河谷的切割深度一般为50～60 m，深槽达到70 m（严钦尚等，1987）。本书HYZK5孔的切割深度与前人的研究结果基本吻合。

HYZK5孔B层孔深56.1～57 m为黑色泥炭层，泥炭层的顶部埋深为56.1 m，加上该孔的水深约5 m，即泥炭层位于现今海平面之下61.1 m，孔深55.75 m处的贝壳样和57 m处的泥炭样测年分别为12100±33 cal a BP、19517±53 cal a BP（表3-3和图4-1），泥炭层的这一深度与前人对西太平洋在12000 cal a BP海平面位于现今海面以下60～65 m（Liu et al，2004）的认识基本相同。该层泥炭与同一海域同一时代相邻的Ch2、Ch3孔（图3-1）泥炭层岩性一致，推断其沉积环境为全新世海侵之前的湖沼相沉积（秦蕴珊等，1987），结合泥炭的测年数据，说明它是末次冰期冷湿气候环境下形成的产物，是全新世海侵的先兆沉积（赵松龄等，2001），可以用来反映海平面所处的位置（Chen et al，1988），泥炭作为一种水域面积变化以及海面变化的重要替代性指标在环境变迁中得到了广泛的研究与应用（Jordan et al，1999）。

孔深55.7～58.7 m层段不含任何有孔虫（图4-12），表明钻孔A层和B层处于陆相环境，没有受到海水的影响，海平面尚处于较低的位置。A层沉积物中发现的大量植物碎屑、小螺壳和棱角状的小砾石等沉积特征，进一步证实其处于河流相沉积环境。C层底部开始出现有孔虫，表明HYZK5孔此时已经受到海水的侵袭。C层底部与下伏地层之间呈不规则接触，具明显的侵蚀面，底部55.5 m左右见到的大贝壳和泥质结核，是沉积间断的可靠标志。孔深55.75 m和55.5 m处大贝壳测年出现的倒置现象，正是海侵将较老的贝壳通过水动力的侵蚀、搬运而来的结果。有孔虫丰度分析结果（图4-12和图5-1）还显示，C层底部有一较大的波动：与孔深50～55.5 m相比，孔深42～50 m有孔虫丰度为明显的低值区，尤其是在孔深45.4 m层位仅见一枚有孔虫。有孔虫丰度的这一变化特征，可能表明末次冰消期以来海平面快速上升，约12000 cal a BP，HYZK5孔受到海水影响，在孔深42～50 m层段（11200—10000 cal a BP）海平面有过短暂的停顿，潮流对钻孔所在层位影响减小，致使有孔虫数量下降（张瑞虎等，2011）。前人研究也认为，末次冰消期全球海平面呈阶段性迅速上升（Liu et al，2004），出现多次短暂的停顿。孔深42 m以浅层位，有孔虫丰度呈明显的增加趋势，指示海洋因素的影响增加，海平面开始迅速上升。孔深25.9～26.5 m层位*Mz*很小，孔深25.7 m有孔虫丰度很大，超过300枚，应为最大海侵时的沉积；同时26.4～26.5 m处的光释光测年为7600±600 a，因此可将全新世最高海面的界面置于25.9 m处。孔深26 m附近陆源*TOC*/总*TOC*值较低，在50%附近波动，表明有机质的来源中来自流域陆源有机质的贡献减小，而水生藻类的贡献相对增加，与该段为全新世最高海面位置是相一致的。因为此时段海平面较高，HYZK5孔距离河口较远、水体较深，海面较为宽阔，陆源有机质被冲淡分散，浓度相对下降，因而流域陆源有机质的贡献最小。孔深13 m以浅层位有孔虫丰度波动频繁，变化幅度很大，可能与潮流、波浪、径流的复杂变化有关。

5.2 长江口与其他区域全新世古环境记录对比

HYZK5孔9.9～55.7 m沉积物揭示了全新世以来古气候环境经历了升温—暖湿—冷干—温湿四个阶段的演变过程，可与前人通过孢粉、石笋、冰芯、考古等记录获得的古气候演化成果相对比。贾丽等（2004）研究认为，上海地区晚第四纪以来的植被和气候经历了六个变化阶段，其中第三阶段为含常绿阔叶树的针叶、落叶阔叶混交林，反映当时的气候温和略干；第四阶段以栲属、青冈栎为主的常绿阔叶林，气候暖热潮湿；第五阶段是以栎、松、蒿为主的针叶、阔叶混交林，气候温和略干；第六阶段是以落叶栎类、常绿栎类、松为主的落叶阔叶、常绿阔叶和针叶混交的林-草原，气候温暖湿润。HYZK5孔全新世以来古气候经历了升温—暖湿—冷干—温湿四个阶段演变过程，与上海地区的植被和气候变化的第三阶段至第六阶段有相类似的反映。同样巢湖孢粉组合带记录了长江下游地区全新世以来的气候经历了早全新世温和略干、中全新世早期温暖湿润、中全新世后期温和干燥、晚全新世温和湿润、温凉稍湿、温暖湿润6个阶段的变化过程，与中国东部全新世以来的气候变化大体一致。太湖W1和E1两个钻孔物理、化学、生物指标的综合分析结果（瞿文川等，1997）表明，太湖地区全新世以来经历了10000—9500 a BP全新世初期的暖干、9500—7200 a BP趋于暖湿变化剧烈、7200—5700 a BP暖湿期、5700—5000 a BP冷干、5000 a BP至今的现代环境5个阶段，其气候变化过程与HYZK5孔极其相似，只是气候波动发生的年代、事件发生的强度上存在差异。其主要原因在于当缺乏测年数据时，学者们基本上都采用平均沉积速率进行年龄的内插推算气候事件发生的时间。而沉积速率的变化并不均匀，另外测年样品的分辨率、测年精度等方面的差异都有可能产生年代的差异。不同剖面所记录的气候事件强度的差异，可能是因为不同区域、不同的古气候记录载体对气候响应的敏感程度不同以及不同学者重塑古气候变化信息采用了不同的模拟方法所致。上海青浦赵巷剖面孢粉、地球化学元素等综合指标（Tao et al，2006）揭示了长江三角洲南部全新世气候变化过程为：8000—7000 a BP间气候冷暖干湿波动频繁，7000—6000 a BP为气候相对温暖湿润的大暖期，6000—4000 a BP温干，在4000 a BP的冷事件之后直到2500 a BP气候暖湿。董哥洞石笋C、O同位素记录（张美良等，2004）反映了贵州荔波地区早全新世（11350—9190 a）为东亚夏季风相对强盛、气温升高、有效降水相对较少的干热期；中全新世（9190—3320 a）为东亚夏季风相对强盛、气温升高、有效降水相对较大的稳定气候适宜期（大暖期）；3320 a以来的晚全新世为降温期，东亚夏季风明显减弱，东亚冬季风相对增强，气候波动变化明显（图5-3）。董哥洞石笋记录全新世以来的气候变化过程、趋势与HYZK5孔基本相同，但后者记录的气候冷干事件更多，变幅更大。

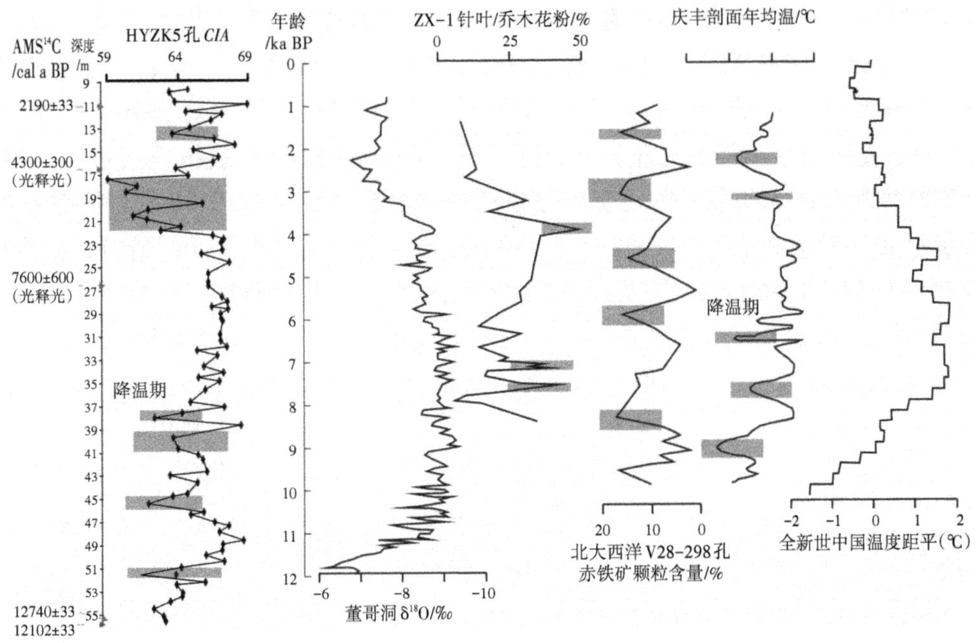

图5-3　HYZK5孔*CIA*与董哥洞δ18O（Yuan et al，2004）、ZX-1孔针叶/乔木花粉（Tao et al，2006）、北大西洋V28-298孔赤铁矿颗粒含量（Bond et al，1997）、庆丰剖面年均温（赵希涛等，1991）和全新世中国温度距平（王绍武等，2000）的对比

HYZK5孔孔深32～47.3 m段为中全新世早期，*CIA*值向上趋于增大，波动幅度较大，表明气候虽然总体上趋于暖湿，但是存在冷暖干湿的较大波动，此时段内至少有3次较明显的降温事件，分别出现在孔深45.4 m、39～41 m和38 m，其中45.4 m处为三者之中降温幅度最大的1次，很可能与8200 a BP年的降温事件（王宁练等，2002）相对应。格陵兰GISP2和GRIP冰芯的$\delta^{18}O$、甲烷浓度、Ca^{2+}、Cl^-等地球化学指标表明8200 a BP的强降温事件是全新世降温幅度最大的1次（Grootes et al，1993）。北大西洋V28-298钻孔浮冰中的赤铁矿颗粒含量也显示出在8200 a BP左右为一明显的峰值（Bond et al，1997）；长江三角洲南部平原的ZX-1钻孔在8000—7000 a BP中全新世早期气候波动变化非常频繁且剧烈（Tao et al，2006）；Paul和Mayewski等（Paul et al，2004）根据全球50个纪录的对比，发现在9000—8000 cal a BP确实存在快速降温气候事件；江苏建湖庆丰剖面（赵希涛等，1994）显示全新世期间冷暖波动频繁，共记录了5次明显的降温事件（图5-3）；山东省全新世以来至少存在8000—7700 a BP、7300—7000 a BP、5500—5000 a BP、3000—2500 a BP和2000 a BP 5次明显的降温事件（卞学昌，2004）。在HYZK5孔中，虽然精确的测年数据较少，难以确定不同深度精确的年代，但是全新世以来6次冷期有明显的反应（图5-3）。

HYZK5孔阶段（3）（17.3～22 m）为中全新世晚期的冷干气候，延续时间较长。该段9个样品除孔深19.6 m处一个样品外，其他样品的*CIA*和Rb/Sr值都很低（图5-1和图5-2），其中孔深17.5 m处，*CIA*和Rb/Sr值均为C层的最小值，可能反映了发生在4200 a左右的冷事件（Chen et al，2005）。4000 a BP前后的降温事件被认为可能是新仙女木事件（Younger Dryas）以来最为寒冷的一次降温过程（Perry et al，2000），是世界上许多地区全新世气候演化过程中的一次重要转变，也是气候最适宜期结束和全新世后期开始的标志（Perry et al，2000）。吴文祥等（2001）通过古文化演化事件和全新世高分辨率古气候演化序列的对比分析，认为4000 a BP前后降温事件具有降温幅度大、持续时间长和影响范围广的特点，是世界上许多地区全新世人类演化史上的重要转折点之一。4000 a BP的冷干事件导致了中原周围五大新石器文化区的衰落和终结，但却加速和促进了中原地区以夏朝建立为标志的中华文明的诞生，也是导致古埃及、两河流域和印度河流域等地区世界古文明衰落的主要原因。在中国南方，长江流域两湖地区的石家河文化、长江下游的良渚文化也在4000 a BP前后衰落，尽管在石家河文化和良渚文化衰落的原因上学术界存在较大的争议，有的学者认为4000 a BP前后的洪水事件是导致良渚文化和石家河文化衰退的主要原因（俞伟超，1992），还有学者认为是社会、经济、战争和文化本身的内因引起的（林华东，1998）。但是，4000 a BP前后世界性的文明或文化的衰落与4000 a BP前后降温事件在发生时间上的一致性，则可能更多地表明气候和环境变迁是文明或文化衰落的主要因素（吴文祥等，2001）。

HYZK5孔全新世以来古气候环境的演变过程，同样也为长江三角洲史前时期考古文化遗址的研究成果所证实。长江三角洲南部平原史前时期新石器时代良渚文化遗址在数量上远远多于前期的马家滨文化和崧泽文化遗址，在平均高程上良渚文化期遗址低于其前期的崧泽文化和后期的商周文化遗址，同时良渚文化期遗址中见有大量的水井（安志敏，1997），表明良渚文化存在期间的中全新世晚期气候确实要比相邻前后时段冷干（凉干），使得良渚文化期地表环境较为干爽，水域面积缩小，这种气候温干、干爽的环境条件可能更加有利于良渚文化繁荣昌盛，而暖湿气候更加有利于古文化发展的普遍假设可能并不适用于长江三角洲南部（Tao et al，2006）。

5.3 长江口全新世东亚夏季风变化机制的探讨

长江流域大部分地区的气候受东亚季风控制，东亚夏季风的强弱将直接导致当地气温和降水的变化，进而影响植被覆盖和河流泥沙的变化，这些变化必然会在长江径流带来的长江口沉积物记录中反映出来，因此通过季风区沉积物记录可以探讨东亚夏季风的变化历史和演化机制。

长江发源于“世界屋脊”青藏高原唐古拉山脉各拉丹冬峰西南侧，干流流经青海、西藏、四川、云南、重庆、湖北、湖南、江西、安徽、江苏、上海11个省、自治区、直辖市，于崇明岛以东注入东海，全长约6300 km，流域面积达1.80×10^6 km（李香萍等，2001）。长江流域幅员辽阔，地形多样，地势起伏变化大，高原、山地和丘陵面积广大，气候类型多种多样。其中最主要的气候类型为亚热带季风气候，面积占整个流域的2/3，除此之外还有江源青藏高原地区为典型的高寒气候，昆明周围地区四季如春的高原气候等类型。

长江流域地形复杂，气候温暖，雨量丰沛，平均年降水量为1067 mm。降水量的多少受地理位置、大气环流、天气系统和下垫面等因素的综合影响。从一个较大的空间和较长的时间尺度来看，水汽蒸发量的多少是某一区域降水量多少的前提条件，但不是决定因素，其决定因素是大气环流的方向及其输送水汽的多少，这是形成丰沛降水量的必要条件。长江流域的东部和南部靠近广阔的太平洋和印度洋，在青藏高原和巨大的海陆热力差异作用下，夏季盛行来自太平洋的东南季风和来自印度洋的西南季风，从海洋上带来大量的暖湿气流，降水量集中于夏季；冬季受来自蒙古、西伯利亚冷高压的控制，盛行偏北风，形成了世界上面积广阔的亚热带季风气候区，季风气候十分典型。

中国东部既有强劲的冬季风，又有明显的夏季风，这个特点在全球范围内是少见的。近年来，中国学者在重建季风演化的历史方面取得了许多令人满意的成果（Kukla et al，1988），但在探讨季风演化的动力机制上还不够深入（丁仲礼等，1995）。众所周知，无论是冬季风还是夏季风，主要是由海陆热力性质的差异所造成。不言而喻，如果在第四纪时期，由于某些过程的作用导致了海陆热力差异的改变，季风的强度也将随之改变。能够造成海陆热力差异改变的因素很多，如高纬度冰盖的进退、海平面的升降、陆地反照率的增减、海面温度的升降等，但最为直接的改变当为太阳辐射的变化（丁仲礼等，1995）。天文学理论认为：太阳辐射变化由地球轨道三要素（偏心率、地轴倾斜度和岁差）的周期性改变所控制，其中，地球轨道偏心率的变化可引起到达地球大气圈顶层的太阳辐射总量的改变，但其改变量只在2‰以下。而在太阳辐射总量基本不变的情况下，由于地轴倾斜度和岁差的改变可使太阳辐射在沿纬度和季节的配置上出现周期性波动，其相对变化值最大可在25%左右。在这两个轨道要素中，地轴倾斜度对高纬度的影响较大，而岁差的作用主要表现在低纬地区（Berger，1988）。据此米兰科维奇理论提出：65°N附近夏季太阳辐射变化是驱动第四纪冰期-间冰期旋回的主因。米兰科维奇假说因得到深海沉积等地质证据的支持而成为被广泛接受的理论。但是米兰科维奇的理论只是较好地解释了第四纪冰期-间冰期变化的驱动因素，而对于冰期出现的时间、第四纪以来主导周期的变化等机制却难以做出令人满意的回答（张兰生等，2000）。事实表明，气候系统内部的驱动－响应关系很难以一个单一的模式来解释（丁仲礼等，1995）。比如低纬度印度季风的大幅度波动主要是由太阳辐射变化所驱动（Clemens et al，1991）；而黄土记录的第四纪冰期时期东亚古季风演化机制，丁仲礼等（1995，1998）则认为响应于全球冰量的变化，并且第四纪时期全球冰量变化是决定全球大部分地区冰期－间冰期旋回的主导因素，尽管它本身的变化是由太阳辐射所驱动。因此丁仲礼等（1995）在对印度季风和东亚季风进行系统研究的基础上提出了季风演化的“双中心驱动”理论模式，即从全球范围而论，第四纪时期气候变化的驱动中心（指太阳辐射变化对气候变化的直接驱动这个层面）似乎至少有两个，一个在中高纬度，另一个在低纬度，这同米兰科维奇理论不完全符合。季风演化的“双中心驱动”理

论模式得到了南海晚第四纪陆源沉积研究成果（王汝建等，2007）的支持。王汝建等（2007）通过对南海第四纪生源蛋白石记录的研究认为，东亚冬季风和夏季风的变化可能有不同的驱动机制，在轨道时间尺度上，全球冰量的变化可能是东亚冬季风强度和时间变化的主要控制因素，而北半球夏季太阳辐射量的变化可能是东亚夏季风强度和时间变化的主要控制因素。王汝建的研究成果同样佐证了季风演化的“双中心驱动”理论。

然而代表第四纪长周期气候变化的米兰科维奇理论显然无法解释全新世以来数百年至千年时间尺度的季风变化，全球冰量驱动模式适合于讨论轨道尺度的季风变化，对于更小尺度的季风波动的解释是否适用尚待进一步研究（丁仲礼等，1995）。与末次冰期相比，进入全新世以来，影响气候变化的各种边界条件包括北半球太阳辐射量、冰盖的体积、海平面高度、植被覆盖均发生了很大的变化，气候的冷暖干湿波动更加频繁，这一时期的气候变化与人类的生存发展甚为密切，因而其气候变化的机制和模式备受人们关注。目前关于全新世以来东亚古季风气候的驱动机制问题主要有两种观点：一种强调响应于太阳辐射的变化（陈发虎等，1999），另一种则认为受全球冰量和太阳辐射的双重驱动（贾佳等，2009）。两种观点中“太阳辐射直接驱动说”更受重视，不过两者在不同阶段或对东亚冬、夏季风所起作用不同。贾佳等（2009）通过对耀县（耀州区）黄土记录的研究认为，全新世冬季风直接响应于冰量变化，而夏季风的变化取决于其地理位置。纬度越低，太阳辐射变化的直接驱动作用越明显；纬度越高，北半球冰量变化的直接驱动作用越显著。段福才等（2009）认为，早、中全新世高纬度冰量边界条件对亚洲季风强度变化具有贡献作用，在北半球冰盖消融后的中、晚全新世，太阳辐射变化才起主导作用（Fleitmann et al，2003）。

HYZK5孔全新世以来古气候环境的演变过程与中国东部地区的相似性，反映了长江口地区的古气候演化与同处于中国东部季风影响区域有一定的可比性，但具有明显的区域特征。HYZK5孔记录（图5-4）显示早全新世气候快速变暖，同时还记录了在8200 a BP冷事件之前存在一次明显的夏季风衰弱事件，直到中全新世的早期（孔深37 m），气候冷暖波动频繁变幅大，可能反映了在向全新世大暖期转变的过渡期气候变化的复杂性；而格陵兰GISP2冰芯记录（图5-4）显示，在经历了末次冰消期YD冷事件之后的全新世早期，气候波动幅度很小，呈现平稳变暖的趋势，但也记录了8200 a BP的冷事件。全新世中国季风区的气候变化模式与格陵兰的记录的现象不同，也反映在二龙湾玛珥湖（游海涛，2007）、兰州地区全新世冬季风（王建民等，1998）的气候变化记录中。HYZK5

孔与格陵兰冰芯之间早全新世气候变化趋势的差异性可能与它们所处的纬度位置有关。众所周知，受约2万年岁差周期的影响，北半球太阳辐射在10 ka BP前后达到全新世最高值（比现在增加8%）（Plummer et al，1998）。地球在北半球的夏季较现代更接近太阳，因而北半球夏季接受的太阳辐射量比现在多，北半球夏季更加温暖，冰盖开始快速消融，海平面开始快速上升，盛冰期裸露的宽广大陆架大部分被淹没，海陆构型发生巨大的变化，夏季日射量的加大，增强了海陆受热对比度，大陆受热导致大陆低压发展，提高了海陆之间的风力——夏季风的势力（Wehausen et al，2002），海洋水汽蒸发量增加，与热带辐合带（Inter-tropical convergence zone，ITCZ）相关的雨带向北移动，增加了季风区的降水量。由于夏季风来源于低纬海洋气团，受太阳辐射的直接影响更大；冬季风来源是极地大陆气团和冰洋气团，受冰量影响大，同时气候信号由高纬地区向低纬地区传输时会减弱，冰量变化对低纬地区气候系统的直接控制作用也减弱，所以夏季风对太阳辐射响应更好，而冬季风对冰量变化的响应更直接。

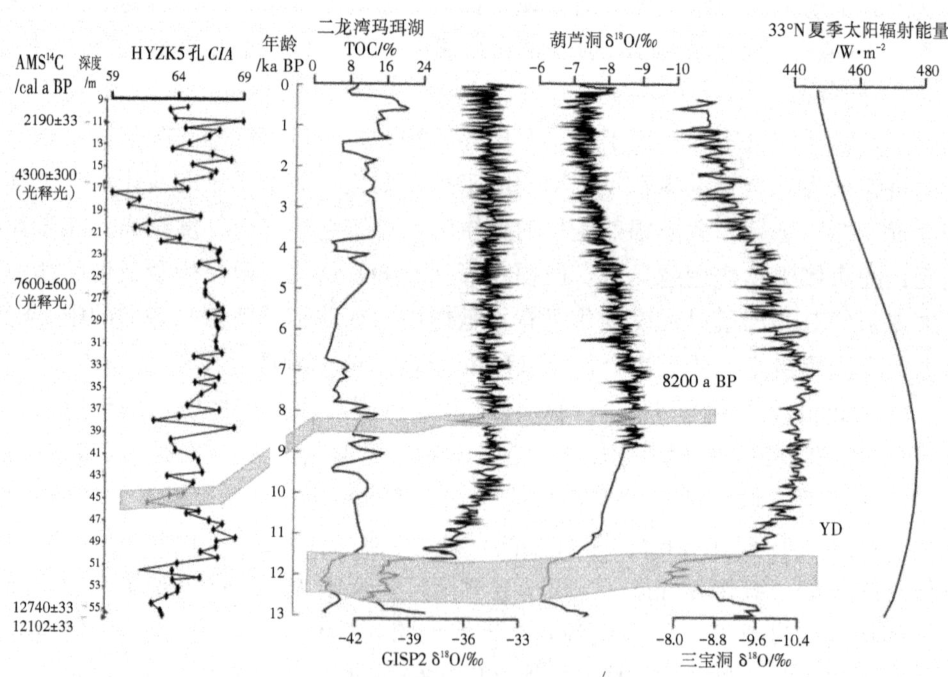

二龙湾玛珥湖 *TOC* 曲线来自文献游海涛，2007；GISP2 $\delta^{18}O$ 曲线来自文献Stuiver et al，1995；葫芦洞 $\delta^{18}O$ 曲线来自文献 Dykoski et al，2005；三宝洞 $\delta^{18}O$ 曲线和33°N夏季太阳辐射能量曲线来自文献段福才等，2009。

图5-4 HYZK5剖面与其他地区气候代用指标变化的对比

由于格陵兰处于高纬度地区，直到约6000 a BP的全新世中期全球冰量才达到最低值（Plummer，1998），因此在全新世早期，全球冰量仍然是控制高纬度地区气候变化的主导因素，而且太阳辐射量增强时，低纬地区最早响应，随着冰量的减少，中高纬地区才逐渐响应（贾佳等，2009）。因此，格陵兰冰芯记录的全新世早期气候呈现波动幅度很小的平稳变暖趋势；而HYZK5孔处于中低纬度，对太阳辐射的增加响应敏感，因此全新世早期升温迅速，但同时又受到因太阳辐射增加导致的全球冰量减少的影响（随时间的推移，全球冰量的影响逐渐减小），因而直到中全新世早期，气候呈现冷暖波动频繁、变幅大的特点。

HYZK5孔*CIA*指标记录的长江口全新世气候演变过程（图5-4）还表明，全新世中期暖湿稳定的适宜期明显滞后于33°N太阳辐射能量最大值出现的时间。这一现象在二龙湾玛珥湖*TOC*（游海涛，2007）、葫芦洞（Dykoski et al，2005）和三宝洞（段福才等，2009）石笋$\delta^{18}O$记录中均有表现（图5-4）。许多研究成果显示，在早全新世，季风强度最高值滞后太阳辐射最大值1.5～3.0 ka（An et al，1991）。其原因可能有两个方面：一是相对于太阳辐射而言，早全新世时，北半球冰盖对季风强度变化起主控作用。随着全新世早期气温的回升，北半球大陆冰盖出现大规模的消退，到约6000 a BP的全新世中期全球冰量达到最低值（Plummer，1998）。冰量控制东亚季风的条件消失，同时伴随冰盖的消失，西风带也减弱北移，高纬地区的气候系统变化的信号减弱，因此北半球冰盖消融后的中、晚全新世，太阳辐射变化才起主导作用（Fleitmann et al，2003）。HYZK5孔中全新世晚期的气候冷干可能与全新世以来夏季太阳辐射量的逐渐降低有关（Jonathan et al，1996）。二是“海洋的缓冲作用”（Clemens et al，1991），因为海水热容量比陆地要大得多，海水需要更长的时间来升高温度，海水温度的上升增加了海洋水汽蒸发量。HYZK5孔早全新世暖干气候、中全新世的暖湿气候可能与海洋的缓冲作用有关。HYZK5孔暖湿期的长度较大，可能正是其处于典型的东亚季风控制区的反映。

总之，HYZK5孔早全新世气候的快速变暖趋势，其原因可能是太阳辐射变化对低纬度地区的直接驱动作用；全新世气候适宜期滞后于北半球夏季太阳辐射峰值出现的时间。其原因可能来自两个方面：一是在早全新世时，北半球冰盖对季风强度变化起主控作用，而在北半球冰盖消融后的中、晚全新世时，太阳辐射变化才起主导作用；二是海洋的缓冲作用。因此，本书认为，由太阳辐射量变化所驱动的低纬地区海洋-大气-陆地之间的气候耦合系统的变化是导致HYZK5孔全新世夏季风发生显著变化的主要原因所在，全球冰量变化的真正驱动因素还是太阳辐射，但全球冰量变化对全新世夏季风强度的变化具有贡献作用。

目前关于东亚古季风气候的驱动机制问题仍未统一，包括太阳辐射变化和高纬冰量控制都不能对东亚古季风的变化做出较为圆满的解释，说明了地球气候系统演变过程的复杂性，其中还存在我们至今未曾考虑到的因素或者至今仍未完全理解的机制，比如地球气候系统的内部复杂的、非线性的相互作用和反馈过程等，东亚古季风变化的动力机制研究尚待深入（丁仲礼等，1998）。

第六章　结论

6.1　结论

位于长江口水下三角洲的HYZK5孔具有柱样长、沉积速率高、沉积相连续完整、与相邻的陆上三角洲钻孔可比性强等特点，其中连续的全新世地层沉积物，是研究长江口全新世以来东亚夏季风演变的良好地质体。本书在对HYZK5孔沉积物的岩性、粒度、磁化率、有孔虫丰度、有机碳同位素、地球化学元素等环境代用指标信息综合分析的基础上，结合精确的测年数据、海面变化等资料，并与其他钻孔资料分析对比，重点探讨了长江口全新世以来东亚夏季风气候的演变过程和驱动机制。通过综合研究，得出以下几点结论和认识：

（1）HYZK5孔C层Ⅰ、Ⅱ、Ⅲ三个亚层黏土平均含量由下向上依次减少，下部Ⅰ亚层黏土含量高于其上部的Ⅱ、Ⅲ两个亚层，*TOC*、*TN*含量相应值也最高。Ⅱ亚层黏土含量高于Ⅲ亚层，但*TOC*、*TN*含量却低于Ⅲ亚层，表明沉积物中有机碳氮含量的多少除与黏土含量有关外，可能还受有机碳氮的来源、分解速率和保存条件等因素的复杂影响。

（2）下部的Ⅰ亚层，*Mz*、黏土、粉砂、砂曲线呈锯齿状大幅度波动；在Ⅰ亚层底部开始出现有孔虫，见有大贝壳和泥质结核、两个贝壳样测年结果出现倒置等现象，表明其沉积环境受到径流、波浪、潮汐、风暴潮等动荡的较强水动力作用，为受海侵影响的河口湾滨岸环境。

中部的Ⅱ亚层为岩性相对均一的黏土质粉砂，黏土和砂的含量分别为三个亚层中的最大值和最小值，*Mz*、磁化率χ变幅很小，反映了其较为稳定的浅海沉积环境。Ⅱ亚层陆源*TOC*占总有机质的比例和*TOC/TN*比值最小，说明此时有机质来源中来自水生藻类的贡献增加，而流域陆源有机质的贡献减小，这也是较为稳定的浅海沉积环境的反映。因为此时HYZK5孔与河口距离加大，水体较深，海面宽阔，陆源有机质被冲淡分散，浓度相对下降，因而流域陆源有机质的贡献最小。

上部的Ⅲ亚层磁化率χ和砂的含量在HYZK5孔三个亚层中最高，且Mz、砂、磁化率χ曲线呈锯齿状大幅度波动，反映了由于水下三角洲的进积形成了水动力较强的浅海环境。

（3）本书对HYZK5孔孔深16.9～54.9 m段沉积环境最为稳定的均质泥进行了敏感粒级组分的分离提取，认为12.99～83.89 mm是对环境最为敏感的粒级组分。但敏感粒级组分与反映气候变化的代用指标$\delta^{13}C$、地球化学元素的可比性较差。因此本书认为敏感粒级组分的平均粒径与东亚季风强度之间没有直接联系，敏感粒级组分并不能反映东亚季风的演化过程。

（4） A-CN-K图解反映了HYZK5孔沉积物在化学风化之初的源岩具有相同的化学组成特征；Ti和Ti/Zr的均值，与长江沉积物非常接近，因此长江口HYZK5孔的沉积物可能主要来自于长江带来的泥沙。HYZK5孔沉积物元素R型因子分析结果表明，其元素来源和组成主要受源岩、粒度和海洋生物等因素的控制。根据R型聚类分析的距离远近关系，其元素可以分为三大类，与根据元素之间的相关系数的分类结果完全吻合。

（5）地球化学元素和稳定同位素$\delta^{13}C$是两种良好的常用气候变化代用指标。在HYZK5孔中，地球化学元素和稳定同位素$\delta^{13}C$曲线呈现明显的反向变化趋势，正好相互补充相互佐证，反映了HYZK5孔气候演化的历史，而且$\delta^{13}C$的变化滞后于地球化学元素指标的变化；同时地球化学元素比稳定同位素更加敏感，波动幅度更大和变化频率更高。其主要原因在于无机地球化学元素与物理过程联系较多，而稳定同位素与生物化学过程联系更为密切，而无机地球化学元素的化学风化过程比有机质的变化过程要迅速。

（6）长江口水下三角洲HYZK5孔沉积物记录揭示了全新世以来夏季风的演化过程经历了四个阶段：

①全新世早期东亚夏季风开始逐渐增强，气温快速上升；

②中全新世的早期和中期东亚夏季风最为强盛，气候暖湿并且较为稳定；

③中全新世晚期东亚夏季风明显衰退，气候冷干；

④全新世晚期，东亚夏季风相对增强，气候温湿。

全新世早期和晚期气候很不稳定，变幅较大且比较频繁，而在中期气候最为暖湿且比较稳定。另外在全新世气候演化过程中，至少在孔深51.6 m、45.4 m、

39～41 m、38 m、17.3～22 m、13.5 m处存在6次明显的降温变干事件。

（7）HYZK5孔全新世以来古气候环境的演变过程与中国东部地区的相似性，反映了长江口地区与同处于中国东部季风区的古气候演化有一定的可比性，但具有明显的区域特征。HYZK5孔早全新世气候的快速变暖趋势，其原因可能是太阳辐射变化对低纬度地区的直接驱动作用；全新世气候适宜期滞后于北半球夏季太阳辐射峰值出现的时间。其原因可能来自两个方面：一是在早全新世时，北半球冰盖对季风强度变化起主控作用，而在北半球冰盖消融后的中、晚全新世时，太阳辐射变化才起主导作用；二是海洋的缓冲作用。因此，由太阳辐射量变化所驱动的低纬地区海洋-大气-陆地之间的气候耦合系统的变化是导致HYZK5孔全新世夏季风发生显著变化的主要原因，全球冰量变化的真正驱动因素还是太阳辐射，但全球冰量变化对全新世夏季风强度的变化具有贡献作用。

6.2 存在问题及展望

长江口北支外侧的HYZK5孔柱样长、沉积速率高、沉积相连续完整、与相邻的陆上三角洲柱样可比性强等特点，为提取高分辨率的环境演化信息提供了可能。但是由于大部分样品测年数据不理想，加上钻孔沉积速率变化不一致，难以获得准确的年代-深度对应曲线，使得各段沉积物记录的全新世以来气候变化缺少可靠的时间坐标，只能根据仅有的几个测年数据、沉积物的岩性结构、泥炭、有孔虫丰度、与相邻钻孔的对比以及明显的气候突变事件来间接推测气候变化发生的相应时段，因而难以表述各气候变化阶段的具体时段和延续时间，与其他钻孔对比时，其准确程度和可信度均明显下降。同时由于缺少足够理想的测年数据，无法应用功率谱、小波分析等方法提取全新世以来百年至千年时间尺度的代用指标序列周期，不能与可能的太阳活动周期以及其他地区的气候变化周期进行比较分析，所以对全新世以来气候变化规律和东亚夏季风的驱动机制仅能得出一个非常粗浅的结论。

鉴于海区三角洲常规样品现有的测年数据大部分不甚理想的状况，而长江口三角洲沉积物中富含大量的孢粉，因此本书认为可以尝试利用孢粉浓缩物样品进行AMS^{14}C测年，以便获取准确的年代-深度序列，为获得高分辨率的环境演化信息提供理想的时间坐标。同时在气候指标的选取以及各环境替代指标之间的相互联系、东亚古季风的驱动因素和机制等方面，还有待于进一步加强研究。

参考文献

[1] Alley R B, Mayewski P A, Sowers T, et al. Holocene climatic instability: a prominent, widespread event 8200 years ago[J]. Geology, 1997(25):483-486.

[2] Almogi-Labin A, Schmield G, Hemleben C. et al. The influence of the NE winter monsoonon productivity changes in the Gulf of Aden, NW Arabian Sea, during the last 530 ka as recorded by foraminifera[J]. MarineMicropaleontology, 2000(40): 295-319.

[3] An Z S, Kukla G, Porter S C, et al. Magnetic susceptibility evidence of monsoon variation on the loess plateau of central China during the last 130000 years[J]. Quaternary Research, 1991(36):29-36.

[4] An Z S, Liu T S, Lu Y, et al. The long- term Paleomonsoon Variation Recorded by the Loess- paleosol Sequence in Central China [J]. Quaternary International, 1990(8):91-95.

[5] An Z S, Porter S C, Kutzbach J E, et al. Asynchronous Holocene optimum of the East Asian monsoon[J]. Quaternary Science Reviews, 2000(19):743-762.

[6] Anderson N J, Rippey B. Diagenesis of magnetic minerals in the recent sediments ofa eutrophiclake[J]. Limnology and Oceanography, 1988, 33(6): 1476-1492.

[7] Arthur M A, Dean W E, Pratt L M. Geochemicaland climatic effects of increased marine organic carbonburial at the Cenomanian/Turonian boundary [J]. Nature, 1988(335):714-717.

[8] Maher B A. Holocene variability of the East Asiansummer monsoon from Chinese caverecords: a re-assessment[J]. The Holocene, 2008, 18(6):861-866.

[9] Baker P A, Seltze G O, Fritz S C, et al. The History of South American tropical precipitation for the past 25000 years[J]. Science, 2001(291):640–643.

[10] Beaufort L, De Garidel–Thoron T, Linsley B, et al. Biomass burning and oceanic primary production estimates in the Sulu Sea area over the last 380 kyr and the EastAsian monsoon dynamics[J]. Marine Geology, 2003(201):53–65.

[11] Beck J W, Recy J, Taylor F, etal. Abrupt changes in early Holocene tropical seasurface temperature derived from coral records[J]. Nature, 1997(385):705–707.

[12] Beget J E. Radiocarbon–dated evidence of worldwide early Holocene climate change[J]. Geology, 1983(11):389–393.

[13] Berger A. Milankovitch Theory and climate [J]. Reviews of Geophysics, 1988, 26(4):624–657.

[14] Bond G, Broecker W, Johnsen S, et al. Correlations betweenclimate records from North Atlantic sediment and Greenland Ice[J]. Nature, 1993(365):143–147.

[15] Bond G, Kromer B, Beer J, et al. Persistent solar influence on north Atlantic climate during the Holocene[J]. Science, 2001(294):2130–2136.

[16] Bond G, Showers W, Cheseby M, et al. A pervasive millennial–scale cycle in the North Atlantic Holocene and glacial climate [J]. Science, 1997 (278) : 1257–1266.

[17] Bordovskiy O K. Accumulation and transfor mation oforganic substances in marine sediments[J]. Marine Geology, 1965(3):3–114.

[18] Boutton T W, Archer S R, Andrew J M, et al. $\delta^{13}C$ values of soil organic carbon and their use in documenting vegetation change in asubtropical savanna ecosystem[J]. Geoderma, 1998, 82(3):5–41.

[19] Broecker W S. Does the trigger for abrupt climate change reside inthe ocean or in the atmosphere[J]. Science, 2003(300):1519–1522.

[20] Broecker W S. Massive iceberg dischanges as triggers for global climate change[J]. Nature, 1994(372):421–424.

[21] Campbell I D, Campbell C, Apps M J, et al. Late Holocene ~1500a periodicities and their implication[J]. Geology, 1998(26):471–473.

[22] Cerling T E, Harris J M, Macfadden B J, et al. Global vegetation change through the Miocene/Pliocene boundary[J]. Nature, 1997(389):153–158.

[23] Cerling T E, Quade J, Wang Y, et al. Carbon isotopes in soil andpaleosols as ecologic and paleoecologic indicators[J]. Nature, 1989(341):138–139.

[24] Chapman M R, Shackleton N J. Evidence of 550 year and 1000 year cyclicities in North Atlantic circulation patterns during the Holocene [J]. The Holocene, 2000, 10(3):287–291.

[25]Charles C D, Hunter D E, Fairbanks R G. Interaction between the ENSO and the Asian monsoon in a coral record of tropical climate[J]. Science, 1997(277):925–928.

[26]Chen F H, Bloemendal J, Feng Z D, et al. East Asian monsoon variations during Oxygen Isotope Stage 5:Evidencefrom the northwestern margin of Chinese Loess Plateau[J]. Quaternary Science Reviews, 1999(18):1127–1135.

[27]Chen F H, Cheng B, Zhao Y, et al. Holocene environmental change inferred from a high–resolution pollen record, Lake Zhuyeze, arid China[J]. The Holocene, 2006(16):675–684.

[28]Chen J, An Z S, Head J. Variation of Rb/Sr ratios in the loess–paleosol sequences of Central China during the last 130000 years and their implications for monsoon paleoclimatology[J]. Quaternary Research, 1999(51):215–219.

[29]Chen Z Y, Chen Z L, Wang Z H. Quaternary stratigraphy and trace–element indices of the Yangtze Delta, Eastern China, with special reference to marine transgression[J]. Quaternary Research, 1997, 47(2):181–191.

[30]Chen Z, Song B P, Wang Z H, et al. Late Quaternary evolution of the sub–aqueous Yangtze delta:stratigraphy, sedimentation, palynology, and deformation[J]. Marine Geology, 2000(162):423–441.

[31]Chen Z, Stanley D J. Sea–level rise on eastern China′s Yangtze Delta[J]. Journal of Coastal Research, 1988, 14(1):360–366.

[32] Chen Zhongyuan, Wang Zhanghua, Jill Schneiderman, etal. Holocene climate fluctuations in the Yangtze delta of eastern China and the Neolithic response[J]. Holocene Research Report, 2005, 15(6):915–926.

[33] Chen Zhongyuan, Zong Yongqiang, Wang Zhanghua, et al. Migration patterns of Neolithic settlements on the abandoned Yellow and Yangtze River deltas of China[J]. Quaternary Research, 2008(70):301–314.

[34]Clark I D, Fritz P. Environmental Isotopes in Hydrogeology[M]. New York: Lewis Publishers, 1997(6):111–136.

[35]Clemens S C, Prell W, Murray D, et al. Forcing mechanisms of the Indian Ocean monsoon[J]. Nature, 1991(353):720–725.

[36] Clemens S C, Murray D W, Prell W L. Nonstationary phase of the Plio-Pleistocene Asian monsoon[J]. Science, 1996(274):943–948.

[37] Dalrymple R W, Zaitlin B A, Boyd R. Estuarine facies models: conceptual basis and stratigraphic implications[J]. Journal of Sedimentary Petrology, 1992(62): 1130–1146.

[38] Dasch E J. Strontium isotopes in weathering profiles, deep-sea sediments, and sedimentary rocks[J]. Geochim Cosmochim Acta, 1969(33):1521–1552.

[39] Dominik J, Stanley D J. Boron, Beryllium and Sulfur in Holocene sediments and peats of the Nile delta, Egypt:Their use as indicators of Salinity and climate[J]. Chemical Geology, 1993(104):203–216.

[40] Dunne T. Rates of Chemical Denudation of Silicate Rocks in Tropical Catchments[J]. Nature, 1978(274):244–246.

[41] Dykoski C A, Edwards R L, Cheng H, et al. Ahigh-resolution, absolute-dated Holocene and deglacial Asian monsoon record from Dongge Cave, China[J]. Earth and Planetary Science Letters, 2005(233):71–86.

[42] Enzel Y, Ely L L, Mishra S, et al. High-resolution Holocene environmental changes in the Thar Desert, northwestern India[J]. Science, 1999(284):125–128.

[43] Feng X, Epatein S. Carbon isotopes of trees from aridenvironments and implications forreconstructing, atmospheric CO_2 concentration[J]. Geochim Cosmochim Atca, 1995, 59(12):2599–2608.

[44] Feng X, Epstein S. Climaticimplications of an 8000 year hydrogen isotope timeseries from bristlecone pine trees[J]. Science, 1994(265):1079–1081.

[45] Feng Z D, An C B, Wang H B. Holocene climatic and environmental changes in the arid and semi-arid areas of China: a review[J]. The Holocene, 2006, 16(1): 1–12.

[46] Fleitmann D, Burns S J, Mudelsee M, et al. Holocene forcing of the Indian Monsoon recorded in a stalagmite from Southern Oman[J]. Science, 2003, 300(5626): 1737–1739.

[47] Folk R L, Ward W C. Brazos River bar: a study in the significance of grain size parameters[J]. Journal of Sedimentary Petrology, 1957, 27(1):3–26.

[48] Freea Itzstein-Davey, Pia Atahan, John Dodson, et al. A sediment-based record of Late-glacial and Holocene environmental changes from Guangfulin, Yangtze Delta, Eastern China[J]. The Holocene, 2007, 17(8):1221–1231.

[49]Friedrich M, Kromer B. et al. Palaeo-environmental and radiocarbon calibration as derived from Late glacial/Early Holocene tree- ring chronologies [J]. Quaternary International, 1999(61):27-39.

[50]Fry B, Scalan R S, Parker P L. Stable carbon isotope evidence for twosources of organic matter in coastal sediments:seagrass and plankton [J]. Geochimica et Cosmochimica Acta. 1977(41):1875-1877.

[51] Gallet S, Jahn B M, Lanoe B V L, et al. Loess geochemistry and its implications for particle origin and composition ofthe upper continental crust[J]. Earth and Planetary Science Letters, 1998(156):157-172.

[52]Gallet S, Jahn B M, Torii M. Geochemical characterization of the Luochuan loess-paleosol sequence , China , and paleoclimatic implications [J] . Chemical Geology, 1996(133):67-88.

[53] Gibbs M T, Kump L R. Global Chemical Erosion duringthe Last Glacial Maximum and the Present: Sensitivityto Changes in Lithology and Hydrology [J]. Paleocean-ography, 1994(9):529-543.

[54] Glodstein S L. Decoupled Evolution of Nd and Srisotopes in the Continental Crust and the Mantle[J]. Nature, 1988(336):733-738.

[55] Goñi M A, Teixeira M J, Perkey D W. Sources and distribution oforganic matter in a river-dominated estuary (Winyah Bay, SC, USA) Estuarine, Coastal and Shelf[J]. Science, 2003(57):1023-1048.

[56] GRIP Members. Climate instability during the interglacial period recorded in GRIP ice core[J]. Nature, 1993(364):203-207.

[57] Grootes P M, Stuiver M, White J W C, et al. Comparison ofoxygen isotope records from the GISP2 and GRIP Greenland icecores[J]. Nature, 1993(366):552-554.

[58] Guo Z T, Liu T S, Guiot J, et al. High frequency pulses of East monsoon climate in the last two glaciations: link with the North Atlantic[J]. Climate Dynamics, 1996(12):701-709.

[59] Hatté C, Funtugne M, Rousseau D D, et al. $\delta^{13}C$ variations of loess organic matter as a record of the vegetation response toclimatic changes during the weichselian [J]. Geology, 1998, 26(7):583-586.

[60] He Y, Theakstone W H, Zhang Z L, et al. Asynchronous Holocene climate change across China[J]. Quaternary Research, 2004, 61(1):52-63.

[61] Hong Y T, Wang Z G, Jiang H B, et al. A 6000 year record of Changes in

drought precipitation in northeastern China based on a $\delta^{13}C$ time series from peat and cellulose[J]. Earth and Planetary Science Letters, 2001(185):111–119.

[62] Hori K, Saito Y, Zhao Q, et al. Architecture and evolution of thetide-dominated Changjiang (Yangtze) River delta, China [J]. Sedimentary Geology, 2002 (146):249–264.

[63] Hori K, Saito Y, Zhao Q, et al. Sediment facies of the tide-dominated paleo-Changjiang (Yangtze) estuary during the last transgression [J]. Marine Geology, 2001 (177):331–351.

[64] Hormes A, Muller B U, Schluchter C. The Alps with little ice: evidence for eight Holocene phasesof reduced glacier extent in the Central Swiss Alps [J]. The Holocene, 2001(11):255–265.

[65] Horowitz A J. A Primer on Sediment-trace Elemental Chemistry [J]. Michigan USA: Lewis Publishers, 1991(20):1–136.

[66] Ingram B L, Sloan D. Strontium isotopic composition of estuarine sediments as paleosalinity-paleoclimate indicator[J]. Science, 1992(255):68–72.

[67] Jian Z, Wang P, Saito Y, et al. Holocene variability of the Kuroshio Current in the Okinawa Trough, northwestern Pacific Ocean [J]. Earth and Planetary Science Letters, 2000, 184(1):305–319.

[68] Jonathan Overpeck, David Anderson1, Susan Trumbore, et al. Thesouthwest Indian Monsoon over the last 18000 years[J]. Climate Dynamics, 1996(12):213–225.

[69] Jordan J W, Mason O K. A 5000 year record of intertidal peat stratigraphy and sea level change from northwest Alaska [J]. Quaternary International, 1999(60): 37–47.

[70] Karlin R, Levi S. Diagenesis of magnetic minerals in recent haemipelagic sediments[J]. Nature, 1983(303): 327–330.

[71] Keigwin L D. The little Ice Age and Medieval Warm Period in the Sargasso Sea [J]. Science, 1996(274):1501–1508.

[72] Kershaw A P, Vander Kaars S, Moss P T. Late Quaternary Milankovitch-scale climatic change and variability and its impacton monsoonal Australasia [J]. Marine Geology, 2003(201): 81–95.

[73] Krishnamurthy R V, Bhattacharya S K, Kusumgar S. Palaeoclimatic changes deduced from $^{13}C/^{12}C$ and TOC/TN ratios of Karewa lake sediments, India [J]. Nature, 1986(323): 150–152.

[74]Krishnamurthy R V, Deniro M J, Pant R K. Isotope evidence for Pleistocene climate changes in Kashmir, India[J]. Nature, 1982(298):640-641.

[75]Kukla G, Heller F, Liu X M, et al. Pleistocene climates in Chinadated by magnetic susceptibility[J]. Geology, 1988(16):811-814.

[76] Lamb A L, Leng M J, Mohammed M U, et al. Holocene climate and vegetation change in the Main Ethiopian Rift Valley, inferred from the composition (C/N and $\delta^{13}C$) of lacustrine organic matter[J]. Quaternary Science Reviews, 2004(23): 881-891.

[77]Langdon P G , Barber K E , Hughes P D M. A 7500 year peat-based palaeoclimatic and evidence for an 1100 year cyclicity in bog wetness from Temple Hill Moss Pentland Hills, Southeast Scotland[J]. Quaternary Science Reviews, 2003(22): 259-274.

[78]Lebmann M F, Bernasconi S M, Barbieri A, et al. Preservation of organic matter and alteration of its carbon and nitrogen isotope composition during simulated and in situ early sedimentary diagenesis[J]. Geochim Cosmochim Acta, 2002, 66(20): 3573-3584.

[79]Li C, Mu M. Relationship between East- Asian wintermonsoon, warm pool situation and ENSO cycle[J]. Chinese Science Bulletin, 2000(45):1448-1455.

[80]Li Congxian, Wang Ping, Sun Heping, et al. Late Quaternary incised-valley fill of the Yangze Delta (China) : Its stratigraphic framework and evolution [J]. Sediments Geology, 2002(152):133-158.

[81] Lindeboom H, Crossland C, Kremer H. Land- ocean interactions- towards LOICZ Ⅱ[J]. Global Change Newsletter, 2002(50):24-30.

[82]Liu J P, Milliman J D, Gao Shu, etal. Holocene development of the Yellow Rivers subaqueous delta, North Yellow Sea[J]. Marine Geology, 2004(209):45-67.

[83]MacAyeal D R. Binge/purge oscillations of the Laurentideice sheet as a cause of the North Atlantic's Heinrich events[J]. Plaeoceanography, 1993(8):775-784.

[84] MacFadden B J, Solounias N, Cerling T E. Ancient diets, ecology, and extinction of 5-million-year-old horses from Florida[J]. Science, 1999(283):824-827.

[85] Mayewski P A, Meeker L D. Major features and forcing of high- latitude Northern Hermisphere atmospheric circulation using a 110 ka long glaciochemical series [J]. Journal of Geophysical Research, 1997(102):26345-26365.

[86]Mayewski P A, Rohling E E, Stager J C, et al. Holocene climate variability [J]. Quaternary Research, 2004(62):243-255.

[87] McDermott F, Mattery D P, Hawkesworth C. Centennial- scale Holocene climate variability reveal by a high-resolution speleothem $\delta^{18}O$ record from SW Ireland [J]. Science, 2001(294):1328-1331.

[88]McLennan S M, Taylor S R. Sedimentary rocks and crustal evolution:Tectonic setting and secular trends[J]. Journal of Geology, 1991(99):1-21.

[89] McLennan S M. Weatheringand global denudation [J]. Journal of Geology, 1993(101):295-303.

[90]Meyers P A, Horie S. An organic carbon isotopicrecord of glacial-postglacial change in atmospheric pCO_2 in the sediments of Lake Biwa, Japan[J]. Palaeogeography, Palaeoclimatology, Palaeoecology, 1993(105):171-178.

[91]Meyers P A, Lallier-Verges E. Lacustrine sedimentary organicmatter records of Late Quaternary paleoclimates[J]. Journal of Paleolimnology, 1999(21):345-372.

[92]Meyers P A. Applications of organic geochemistry to paleolimnological reconstructions-a summary of examples from the Laurentian Great Lakes [J]. Organic Geochemistry, 2003(34) :261-289.

[93]Meyers P A. Organic geochemical proxies of paleoceanographic, paleolimnologic and paleoclimatic processes[J]. Organic Geochemistry, 1997, 27 (5/6):213-250.

[94] Meyers P A. Preservation of elemental and isotopic source identification of sedimentary organic matter[J]. Chemical Geology, 1994(114):289-302.

[95] Milliman J D, Xie Q, Yang Z. Transfer of particulate organic carbon and nitrogen from the Yangtze River to the ocean [J]. American Journal of Science, 1984 (284):824-834.

[96] Minze Stuiver, Paula J, Reimer, et al. CALIB 5. 0. 1 Manual [EB/OL]. [2009-09-02]http://www. calib. org.

[97]Mooley D A, Shukla J. Variability and Forecasting of the Summer Monsoon Rain-fall over India [M]// Chang C P and Krishnamurti T N (eds.), Monsoon Meteorology. London: Oxford University Press, 1987:26-29.

[98] Moy C M, Seltzer G O, et al. Variability of El Nino/Southern Oscillation activity at millennial time scales during the Holocene epoch [J]. Nature, 2002(420): 162-165.

[99] Muller A, Mathesius U. The palaeoenvironments of coastal lagoons in the

southern Baltic Sea, I:The application of sedimentary Corg/N ratios as source indicators of organic matter[J]. Palaeogeography, Palaeoclimatology, Palaeoecology, 1999(145): 1-16.

[100] Nelson B K, DePaolo D J. Composition of isotopic and petrographic provenance indicators in sediments from Teriary continental basins of New Mexico[J]. Journal of Sedimentary Petrology, 1988(58):348-357.

[101]Nesbitt H W, Markovics G, Price R C. Chemical processes affectingalkalis and alkaline earths during continental weathering[J]. Geochimica et Cosmochimica Acta, 1980(44):1659-1666.

[102]Nesbitt H W, Young G M. Early Proterozoic climates and plate motions inferred from major element chemistry of lutites[J]. Nature, 1982(299):715-717.

[103]Nesbitt H W, Young G M. Petrogenesis of sediment in the absence of chemical weathering:effects of abrasion and sorting on bulk composition and mineralogy[J]. Sedimentology, 1996(43):341-358.

[104]Noren A J, Blerman P R, Steig E J, et al. Millennial- scale storminess variability in the northeastern United States during the Holocene epoch[J]. Nature, 2002(419):821-824.

[105]O'Brien S R, Mayevoski P A, Meeker L D, et al. Complexity of Holocene climate as reconstructed from a Greenland ice core[J]. Science, 1995(270):1962-1964.

[106]Oldfield F, Yu L. The influence of particle size variations on the magnetic properties of sediments from the north-eastern Irish Sea[J]. Sedimentology, 1994(41): 1093-1108.

[107]Oldfield F. Environmental magnetism-A personal perspective[J]. Quaternary Sciences Reviews, 1991(10):73-83.

[108]Oppo D W, McManus J F, et al. Deepwater variability in the Holocene epoch[J]. Nature, 2003(422):277-278.

[109]PAGES/PANASH. Paleoclimates of the Northern and Southern Hemisphere [M]. Bern:Pages Press. 1995.

[110]Paul A, Mayewski, Eelco E, et al. Holocene climate variability[J]. Quaternary Research, 2004(62):243-255.

[111]Pearson F J, Coplen T B. Stable isotope studies of lake[C]// LermanA (Editor). lakes:Chemistry, Geology, Physics. New York:Springer-erlang, 1978.

[112] Perry C A, Hsu K J. Geophysical, archaeological, and historical evidence support a solaroutput model for climatechange[J]. Proceedings of National Academy of Science of USA, 2000, 97(23):12433-12438.

[113] Plummer J D, Kutzbach J, Gallimore R, et a1. Climate and biome simulations for the past 21000 years[J]. Quaternary Sciences Reviews, 1998(17):473-506.

[114] Prins M A, Postm A G, Weltije G J. Controls on terrigenous sediment supply to the Arabian Sea during the late Quaternary: the Makran continental slope[J]. Marine Geology, 2000(169):351-371.

[115] Pritchard D W. What is an estuary:physical viewpoint[J]. AAAS Publish, 1967(83):3-5.

[116] Qian Junlong, Wang Sumin, Xue Bin, et al. A method of quantitatively calculating amount of allochthonous organic carbon in lake sediments [J]. Chinese Science Bulletin, 1997, 42(21):1821-1823.

[117] Quade J, Cerling T E. Expansion of C4 grasses in the Late Miocene of northern Pakistan: Evidence from stable isotopes in paleosols [J]. Palaeogeography, Palae-oclimatology, Palaeoecology, 1995, 115(1):91-116.

[118] Rea D K, Hovan S A. Grain-size distribution and depositional processes of the mineal component of abyssal sediments: Lessons from theNorth Pacific [J]. Paleoceanography, 1995(12):251-258.

[119] Robinson S G, Sahota J T S. Rock- magnetic characterization of early, redoxomorphic diagenesis in turbiditic sediments from the Madeira Abyssal Plain[J]. Sedimentology, 2000(47):367-394.

[120] Rong X, Sun Y B, Li T G, et al. Paleoenvironmental change in the middle Okinawa troughsince thelast deglaciation: Evidence from the sedimentation rate and planktonic foraminiferal record[J]. Palaeogeography Palaeoclimatology Palaeoecology, 2007(243):378-393.

[121] Sawyer E W. The influence of source rock type, chemical weathering and sorting on the geochemistry of clastic sediments from the Quetico metasedimentary belt, Superior Province, Canada[J]. Chemical Geology, 1986(55):77-95.

[122] Schulz H, Rad U V. Correlation between Arabian sea and Greenland climate oscillations of the past 110000 years[J]. Nature, 1998(393):54-57.

[123] Wefer G, Berger W H, Behre K E, et al. Climate Development and History of the North Atlantic Realm[M]. Berlin: Springer, 2002.

[124]Shakun J D, Burns S J, Fleitmann D et al. A high-resolution, absolute-dateddeglacial speleothem record of Indian Ocean climate from Socotra Island, Yemen [J]. Earth and Planetary Science Letters, 2007(259):442-456.

[125]Shen J, Liu X Q, Wang S M, et al. Palaeoclimatic changes in the Qinghai Lakearea during the last 18000 years[J]. Quaternary International, 2005(136):131-140.

[126]Shukla J, Paolina D. The Southern Oscillation and long range forecasting of the summer monsoon rainfall over India[J]. MonWeath Rev, 1983(111):1830-1837.

[127]Sirocko F, Sarnthein M, Erlenkeuser H, et al. Century-scale events in monsoonal climate over the last 24000 years[J]. Nature, 1993, 364(22):322-324.

[128]Smith B N, Epstein S. Two categories of $^{13}C/^{12}C$ ratios for higher plants[J]. Plant Physiology, 1971(47):380-384.

[129]Stanley D J, Chen Z, Song J. Inundation, sea-level rise and transition from Neolithic to Bronze Age cultures, Yangtze Delta, China[J]. Geoarchaeology, 1999(14):15-26.

[130]Stanley D J, Warnk G A. Worldwide initiation of Holocene marine deltas by deceleration of sea-level rise[J]. Science, 1994(265):228-231.

[131]Steig E J. Mid-Holocene climatice change[J]. Science, 1999(286):1485-1487.

[132]Street-Perrott F A, Huang Y, Perrott R A, et al. Impact of lower atmospheric carbon dioxideon tropical mountain ecosystems[J]. Science, 1997(278):1422-1426.

[133]Stuiver M, Braziunas T F. Tree cellulose $^{13}C/^{12}C$ isotope rations and climatic change[J]. Nature, 1987(328):58-60.

[134]Stuiver M, Grootes P M, Braziunas T F. The GISP $\delta^{18}O$ climaterecord of the past 16500 years and the role of the sun, ocean and volcanoes[J]. Quaternary Research, 1995, 44(3):341-354.

[135]Sukumar R, Ramesh R, Pant R K, et al. A $\delta^{13}C$ record of Late Quaternary climate change from tropical peats in Southern India[J]. Nature, 1993(364):703-706.

[136]Sun S Q, Yin M. Subtropical high anomalies over the Western Pacific and its relations to the Asian monsoon and SST anomaly [J]. Advances in Atmospheric Sciences, 1999(16):559-568.

[137]Talbot M R, Johannessen T. A high resolution palaeoclimatic record for the last 27500 years in tropical West Africa from the carbon and nitrogen isotopic compositionof lacustrine organic matter. Earth Planet[J]. Science Letters, 1992(10):

23-37.

[138]Tao Jing, Chen Minte, Xu Shiyuan. A Holocene environmental record from the southern Yangtze River delta, eastern China[J]. Palaeogeography, Palaeoclimatology, Palaeoecology, 2006(230):204-229.

[139] Tao S, Chen L. A review of recent research on the East Asian summer monsoonin China[M]. Oxford:Oxford University Press, 1987.

[140] Taylor S R, McLennan S M. The continental crust: its composition and evolution[M]. Oxford:Blackwell Scientific Publications, 1985.

[141] Thompson R, Oldfield F. Environmental Magnetism [M]. London:Allen andUnwin, 1986.

[142]Thornton S F, Mcmanus J. Application of organiccarbon and nitrogen stable isotope and *TOC/TN* ratios as source indicators of organic matter provenance in estuarine systems: evidence from the Tay Estuary, Scotland [J]. Estuary Coast Shelf Science, 1994(38):219-233.

[143]Wang B, Clemens S, Liu P. Contrasting the Indian and EastAsian monsoons: implications on geologic time scale[J]. Marine Geology, 2003(201):5-21.

[144]Wang L J, Sarnthein M, Erlenkeuser H, et al. Holocene variations in Asian monsoon moisture: A bidecadal sediment record from the South China Sea [J]. Geophysical Research Letters, 1999, 26(18):2889-2892.

[145] Wang L, Sarnthein M, Erlenkeuzer H, et al. East Asian monsoon climate during the late Pleistocene: High resolution sediment recordsfrom the South China Sea [J]. Marine Geology, 1999(156):245-284.

[146] Wang Ninglian, Yao Tandong, Thompson L G, et al. Evidence for cold event s in the early Holocene from the Guliya icecore, Tibetan Plateau, China [J]. Chinese Science Bulletin, 2002, 47(17):1422-1427.

[147] Wang P X, Clemens S, Beaufort L et al. Evolution andvariability of the Asian monsoon system: state of the art and outstanding issues [J]. Quaternary Science Reviews, 2005(24):595-629.

[148]Wang S, Yang X, Tong G, et al. Environment Changeof Gucheng Lake of Jiangsu in the Past 15 ka and its Relation to Palaeomonsoon [J]. Science in China (seriesD), 1996, 39(2):144-151.

[149]Wang Y J, Cheng H, Edwards R L, et al. The Holocene Asian monsoon: Links to solar changes and north Atlantic climate[J]. Science, 2005(308):854-857.

[150]Weaver C E, Pollard L D. The chemistry of clay minerals[M]. Amsterdam: Ellsevier. 1973.

[151] Webster P J, Magana V O, Palmer T N, et al. Monsoons: processes, predictability, and the prospects for prediction[J]. Journal of Geophysical Research, 1998(103):14451–14510.

[152]Wehausen R, Brumsack H J. Astronomical forcing of the East Asian monsoonmirrored by the composition of Pliocene South China Sea sediments[J]. Earth and Planetary Science Letters 2002(201):621–636.

[153]Wei K, Lin R. The influence of the monsoon on the isotopic composition of precipitation in China[J]. Geochimica, 1993(23):33–41.

[154] Willemse N W, Tornqvist T E. Holocene century- scale temperature variability from West Greenland lakerecords[J]. Geology, 1999(27):580–584.

[155]Yang S L, Shi Z, Zhao H Y, et al. Research note:effects of human activities on the Yangtze River suspended sediment flux into theestuary in the last century[J]. Hydrology and Earth System Science, 2004, 8(6):1210–1216.

[156]Yang S Y, Li C X. Elemental compositions and monazite agepatterns of core sediments in the Changjiang Delta : Implica–tions for sediment provenance and development history of the Changjiang River[J]. Earth and Planetary Science Letters, 2006, 245(3):762–776.

[157] Yang Z S, Wang H J, Saito Y, et al. Dam impacts on the Changjiang (Yangtze River) sediment discharge to the sea:the past 55 years and after the Three Gorges dam[J]. Water Resources Research, 2006(42):1–10.

[158] Yi S, Saito Y, Zhao Q H, et al. Vegetation and climate changes in the Changjiang (Yangtze River) Delta, China, during the past 13000 years inferred from pollen records[J]. Quaternary Science Reviews, 2003(22):1501–1519.

[159]Yuan D X, Cheng H, Edwards R L, et al. Timing, duration and transitions of the last interglacial Asian monsoon[J]. Science, 2004(304):575–578.

[160]Zhang R H. Relations of water vapor transport from Indian monsoon with that over East Asia and the summer rainfall in China [J]. Advances in Atmospheric Sciences, 2001(18):1005–1017.

[161]Zhao X, Geng X, Zhang J. Sea level changes of the eastern China during the past 20000 years[J]. Acta Oceanologica Sinica, 1979(1):269–281.

[162]Zhou W J, Song S H, Burr G, et al. Is there a time–transgressive Holocene

Optimum in the East Asian monsoon area? [J] Radiocarbon, 2007, 49(2):865-875.

[163] Zhu Yanfeng, Chen Longxun. Relationship between the Asian/Austrilian monsoon and ENSO on a quasi-four year Scale[J]. Advances in Atmospheric Sciences, 2002, 19(4):727-740.

[164]Нейштадтмн. 全新世的概念和划分[J]. 陈硕民, 译. 国外地质, 1984(9):2-5.

[165]安芷生, Porter S, Kukla G, 等. 最近13万年黄土高原季风变化的磁化率证据[J]. 科学通报, 1990, 35(2):529-531.

[166]安芷生, S. C. P, 吴锡浩, 等. 中国中、东部全新世气候适宜期与东亚夏季风变迁[J]. 科学通报, 1993, 38(14):1302-1305.

[167]安芷生, 符淙斌. 全球变化科学的进展[J]. 地球科学进展, 2001, 16(5):671-680.

[168]安芷生, 吴锡浩, 汪品先, 等. 最近130 ka中国的古季风(Ⅰ):古季风记录[J]. 中国科学(B辑), 1991(10):1076-1081.

[169]安芷生, 吴锡浩, 汪品先, 等. 最近130 ka中国的古季风(Ⅱ):古季风变迁[J]. 中国科学(B辑), 1991(11):1209-1215.

[170]安芷生, 肖举乐, 张景昭, 等. 季风与最近13万年黄土高原的气候历史[M]. 北京:科学出版社, 1990.

[171]安志敏. 良渚文化及其文明诸因素的剖析:纪念良渚文化发现六十周年[J]. 考古, 1997(9):77-83.

[172]安志敏. 良渚文化及其文明诸因素的剖析[C]// 浙江省文物考古研究所. 良渚文化研究——纪念良渚文化发现60周年国际学术讨论会文集. 北京:科学出版社, 1999:12-16.

[173]卞学昌. 山东省全新世古气候变化序列及其与史前文化发展阶段的相关研究[D]. 山东:山东师范大学, 2004.

[174]蔡进功. 泥质沉积物和泥岩中有机黏土复合体[M]. 北京:科学出版社, 2004.

[175]蔡演军, 彭子成, 安芷生, 等. 贵州七星洞全新世石笋的氧同位素记录及其指示的季风气候变化[J]. 科学通报, 2001, 46(16):1398-1402.

[176]陈发虎, 黄小忠, 张家武, 等. 新疆博斯腾湖记录的亚洲内陆干旱区小冰期湿润气候研究[J]. 中国科学(D辑), 2007, 37(1):77-85.

[177]陈发虎, 吴海斌, 张家武, 等. 末次冰消期以来兰州地区冬季风变化研究[J]. 第四纪研究, 1999, 19(4):306-313.

[178]陈发虎，吴薇，朱艳，等.阿拉善高原中全新世干旱事件的湖泊记录研究[J].科学通报，2004，49(1)：1-9.

[179]陈发虎，朱艳，李吉均，等.民勤盆地湖泊沉积记录的全新世千百年尺度夏季风快速变化[J].科学通报，2001，46(17):1414-1419.

[180]陈国成，郑洪波，李建如，等.南海西部陆源沉积粒度组成的控制动力及其反映的东亚季风演化[J].科学通报，2007，52(23)：2768-2776.

[181]陈吉余.从事河口海岸研究五十五年论文选[M].上海：华东师范大学出版社，2000.

[182]陈吉余，沈焕庭，恽才兴.长江河口动力过程和地貌演变[M].上海：上海科学技术出版社，1988.

[183]陈骏，安芷生，汪永进，等.最近800 ka洛川黄土剖面中Rb/Sr分布和古季风变迁[J].中国科学(D辑)，1998，28 (6)：498-504.

[184]陈骏，季峻峰，仇刚，等.陕西洛川黄土化学风化程度的地球化学研究[J].中国科学(D辑)，1997，27(6)：531-536.

[185]陈满荣，王少平.上海城市风暴潮灾害及其预测[J].灾害学，2000，15 (3)：26-29.

[186]陈中原，洪雪晴，李山，等.太湖地区环境考古[J].地理学报.1997，52 (2)：131-137.

[187]陈中原，杨文达.长江河口地区第四纪古地理古环境变迁[J].地理学报，1991，46(4)：436-448.

[188]陈中原.长江水下三角洲风暴潮沉积[M]// 严钦尚，许世远.长江三角洲现代沉积研究.上海：华东师范大学出版社，1987.

[189]陈中原.尼罗河三角洲全新世海平面变动及其对环境的影响——与长江三角洲的对比[J].海洋学报，2002，24(2)：77-83.

[190]成都地质学院陕北队.沉积岩(物)粒度分析及其应用[M].北京：地质出版社，1976.

[191]程海，艾思本，王先锋，等.中国南方石笋氧同位素记录的重要意义[J].第四纪研究，2005，25(2)：157-164.

[192]邓兵，李从先，张经，等.长江三角洲古土壤发育与晚更新世末海平面变化的耦合关系[J].第四纪研究，2004，24(2)：222-230.

[193]邓涛，董军社，王杨.化石稳定碳同位素记录的中国华北第四纪陆地生态系统演变[J].科学通报，2001，46(14)：1213-1215.

[194]丁一汇，石广玉.中国的气候变化与气候影响研究[M].北京：气象出版

社，1997.

[195]丁仲礼，刘东生.晚更新世东亚古季风变化动力机制的概念模型[J].科学通报，1998，43(2):122-132.

[196]丁仲礼，余志伟.第四纪时期东亚季风变化的动力机制[J].第四纪研究，1995(1):63-74.

[197]董进国，孔兴功，汪永进.神农架全新世东亚季风演化及其热带辐合带控制[J].第四纪研究.2006，26(5):827-834.

[198]董永发，丁文鋆.长江河口沉积物粒度特征与水动力的关系[M]// 陈吉余，沈焕庭，恽才兴，等.长江河口动力过程和地貌演变.上海:上海科学技术出版社，1988.

[199]董永发.长江河口及其水下三角洲的沉积特征和沉积环境[J].华东师范大学学报，1989(2):78-85.

[200]窦衍光.长江口邻近海域沉积物粒度和元素地球化学特征及其对沉积环境的指示[D].青岛:国家海洋局第一海洋研究所，2007.

[201]段福才，汪永进，董进国，等.13 ka以来东亚夏季风演变过程和全新世适宜期问题[J].地球化学，2009，38(2):105-113.

[202]Fairbridge R W.更新世与全新世界线[J].甑勇，译.国外地质，1984，9:6-14.

[203]高芳蕾，杨小强，董艺辛，等.珠江三角洲PD孔沉积物的碳氮记录及其环境意义[J].海洋地质与第四纪地质，2006，26(2):33-40.

[204]高洪林，穆治国，马配学.古气候变化的周期性与驱动机制研究的回顾[J].地球科学进展，2000，15(2):222-227.

[205]高由禧，徐淑英，郭其蕴，等.中国的季风区域和区域气候[M]// 高由禧，徐淑英，著.东亚季风的几个问题.北京:科学出版社，1962:49-63.

[206]葛全胜，郑景云，满志敏，等.过去2000a中国东部冬半年温度变化序列重建及初步分析[J].地学前缘，2002，9(1):169-181.

[207]韩德亮，于洪军.晚更新世末期东亚季风活动与陆架区沉积环境变迁[J].青岛海洋大学学报，2001，31(6):911-916.

[208]韩家懋，姜文英，吕厚远，等.黄土中钙结核的碳氧同位素研究(二):碳同位素及其古环境意义[J].第四纪研究，1995(4):367-377.

[209]何起祥.中国海洋沉积地质学[M].北京:海洋出版社，2006.

[210]洪冰，林庆华，洪业汤.全新世亚洲季风，ENSO及高北纬度气候间的关联[J].科学通报，2006,51(17):1977-1984.

[211]洪业汤，姜洪波，陶发祥，等.近5 ka温度的金川泥炭$\delta^{18}O$记录[J].中国科学(D辑)，1997，27(6):525-530.

[212]洪业汤，刘东生，姜洪波，等.太阳辐射驱动气候变化的泥炭氧同位素证据[J].中国科学(D辑)，1999，29(6):527-531.

[213]胡敦欣，杨作升.东海海洋通量关键过程[M].北京:海洋出版社，2001.

[214]胡方西，胡辉，谷国传，等.长江口锋面研究[M].上海:华东师范大学出版社.2002.

[215]华棣.长江口沙坝地区全新世沉积与古地理[J].上海地质，1990，(2)：20-25.

[216]华东师范大学，中华地图学社.上海城市自然地理图集[M].上海:中华地图学社，2004.

[217]黄春长.环境变迁[M].北京:科学出版社，2000年.

[218]黄慧珍，唐保根，杨文达，等.长江三角洲沉积地质学[M].北京:地质出版社，1996.

[219]黄慧珍，唐保根，杨文达，等.中国三角洲沉积地质学丛书——长江三角洲沉积地质学[M].北京:地质出版社，1996.

[220]贾海林，刘苍宇，张卫国，等.崇明岛CY孔沉积物的磁性特征及其环境意义[J].沉积学报，2004，22(1):117-123.

[221]贾海林，刘苍宇，张卫国，等.崇明岛CY孔沉积物的磁性特征及其环境意义[J].沉积学报，2004，22(1):117-123.

[222]贾军涛，郑洪波，黄湘通，等.长江三角洲晚新生代沉积物碎屑锆石U-Pb年龄及其对长江贯通的指示[J].科学通报，2010，55(4):350-358.

[223]贾丽，张玉兰，孙煜华，等.上海地区晚第四纪沉积孢粉与环境研究[J].东海海洋，2004，22(1):11-19.

[224]江爱良.全球变化与亚洲季风[J].第四纪研究，1995(3):232-241.

[225]姜在兴.沉积学[M].北京:石油工业出版社，2003.

[226]金章东，王苏民，沈吉，等.小冰期弱化学风化的湖泊沉积物记录[J].中国科学(D辑)，2001，31(3):221-225.

[227]瞿文川，薛滨，吴艳宏，等.太湖14000年以来古环境演变的湖泊记录[J].地质力学学报，1997，3(4):53-61.

[228]康志明，鲍媛媛，陈晓红.2005年6月我国南方雨带异常偏南的分析[J].气象，2006，32(4):91-96.

[229]孔期.两半球低纬地区季风低压结构及其降水的分析研究[D].北京:中

国科学院大学，2006 .

[230]孔亚珍，贺松林，丁平兴，等. 长江口盐度的时空变化特征及其指示意义[J]. 海洋学报2004，26(4)：9-18.

[231]雷国良，张虎才，张文翔，等. Mastersize 2000型激光粒度仪分析数据可靠性检验及意义——以洛川剖面S4层古土壤为例[J]. 沉积学报，2006，24(4)：531-539.

[232]李保华，李从先，沈焕庭. 冰后期长江三角洲沉积通量的初步研究[J]. 中国科学(D辑)，2002，32(9)：776-782.

[233]李保华. 冰后期长江下切河谷体系与河口湾演变[D]. 上海：同济大学，2005.

[234]李才林. 江淮平原末次冰消期以来环境变化的钻孔记录[D]. 南京：南京师范大学，2007.

[235]李从先，陈庆强，范代读，等. 末次盛冰期以来长江三角洲地区的沉积相和古地理[J]. 古地理学报，1999，1(4)：12-25.

[236]李从先，范代读，张家强. 长江三角洲地区晚第四纪地层及潜在环境问题[J]. 海洋地质与第四纪地质，2000，20 (3)：1-7.

[237]李从先，汪品先，等. 长江晚第四纪河口地层学研究[M]. 北京：科学出版社，1998.

[238]李从先，张桂甲. 晚第四纪长江和钱塘江河口三角洲地区的层序界面和沉积间断[J]. 自然科学进展，1996，6 (4)：461-469.

[239]李明霞，汪永进，邱庆伦. 中全新世7 ka—6 ka东亚季风气候的高分辨率石笋记录[J]. 地理科学，2007，27(4)：510-524.

[240]李香萍，杨吉山，陈中原. 长江流域水沙输移特性[J]. 华东师范大学学报：自然科学版，2001，(4)：88-95.

[241]李智勇. 长江口第四纪地层划分及环境演变[D]. 上海：华东师范大学，2005.

[242]林本海，安芷生，刘荣漠. 最近60万年中国黄土高原季风变迁的稳定同位素证据[M]// 刘东生，安芷生. 黄土·第四纪地质·全球变化(第三集). 北京：科学出版社，1992.

[243]林华东. 良渚文化研究[M]. 杭州：浙江教育出版社，1998.

[244]林瑞芬，卫克勤. 草海ZHJ柱样沉积物有机质的$\delta^{13}C$记录及其古气候信息[J]. 地球化学，2000，29(4)：390-396.

[245]铃木秀夫. 3500年前的气候变迁与古文明[J]. 地理译报，1988(4)：37-44.

[246]刘宝珺.沉积岩石学[M].北京:地质出版社，1980.

[247]刘苍字，吴立成，华棣.长江口水下三角洲沉积结构、构造特征及沉积作用机制[C]// 长江河口最大浑浊带和河口锋研究论文集.华东师范大学学报，1995:159-164.

[248]刘丹丹，冯利华.浙江良渚文化建筑队水环境的响应[J].浙江师范大学学报:自然科学版，2009，32(4):460-466.

[249]刘嘉麒，倪云燕，储国强.第四纪的主要气候事件[J].第四纪研究，2001，21(3):239-248.

[250]刘嘉麒，吕厚远，Negendank J，等.湖光岩玛珥湖全新世气候波动的周期性[J].科学通报，2000，45(11):1190-1195.

[251]刘金陵，William Y B.根据孢粉资料推论长江三角洲地区12000年以来的环境变迁[J].古生物学报，1996，35(2):136-154.

[252]刘明.长江水下三角洲高分辨沉积记录及其对气候环境事件的响应[D].青岛:中国海洋大学，2009.

[253]刘晓东.青藏高原隆升对亚洲季风形成和全球气候与环境变化的影响[J].高原气象，1999，18(3):321-332.

[254]刘晓宏，秦大河，邵雪梅，等.祁连山中部过去近千年温度变化的树轮记录[J].中国科学(D辑)，2004，34(1):89-95.

[255]刘英俊，曹励明，李兆麟，等.元素地球化学[M].北京:科学出版社，1984.

[256]陆健健.河口生态学[M].北京:海洋出版社，2003.

[257]马振兴，黄俊华，魏源，等.鄱阳湖沉积物近8000a来有机质碳同位素记录及其古气候变化特征[J].地球化学，2004，33(3):279-285.

[258]茅志昌，潘定安，沈焕庭.长江河口悬沙的运动方式与沉积形态特征分析[J].地理研究，2001(2):170-177.

[259]孟广兰，韩有松.东海长江口晚第四纪孢粉组合及其地质意义[J].海洋地质与第四纪地质，1989，9(2):13-26.

[260]闵秋宝，汪品先.论上海第四纪海进[J].同济大学学报，1979(2):109-128.

[261]潘保田，李吉均.东亚季风演变与青藏高原隆起关系研究[C]// 青藏高原专家委员会.青藏高原形成演化、环境变迁与生态系统研究——学术论文年刊(1995).北京:科学出版社，1996.

[262]庞奖励，黄春长，张战平.陕西岐山黄土剖面Rb/Sr组成与高分辨率气

候研究[J]. 沉积学报, 2001, 19(4):637-641.

[263]秦蕴珊, 李铁刚, 苍树溪. 末次间冰期以来地球气候系统的突变[J]. 地球科学进展, 2000, 15(3):243-250.

[264]秦蕴珊, 赵一阳, 陈丽蓉, 等. 东海地质[M]. 北京:科学出版社, 1987.

[265]饶志国, 朱照宇, 张家武. 北半球中纬度3个典型区域末次冰期以来土壤有机质稳定碳同位素变化的差异及其原因分析[J]. 科学通报, 2006, 51(21):2548-2554.

[266]邵晓华, 汪永进, 程海, 等. 全新世季风气候演化与干旱事件的湖北神农架石笋记录[J]. 科学通报, 2006, 51(1):80-86.

[267]申洪源, 贾玉连, 李徐生, 等. 内蒙古黄旗海不同粒级湖泊沉积物Rb、Sr组成与环境变化[J]. 地理学报, 2006, 61(11):1208-1217.

[268]申洪源, 朱诚, 张强. 长江三角洲地区环境演变与环境考古学研究进展[J]. 地球科学进展, 2003, 18(4):569-575.

[269]沈华悌. 东海陆架残留沙沉积时代和成因模式[J]. 海洋学报, 1985(7):67-77.

[270]沈焕庭. 长江河口物质通量[M]. 北京:海洋出版社, 2001.

[271]沈焕庭, 茅志昌, 朱建荣. 长江河口盐水入侵[M]. 北京:海洋出版社, 2003.

[272]沈焕庭, 潘定安. 长江河口最大浑浊带[M]. 北京:海洋出版社, 2001.

[273]沈吉, 王苏民, 羊向东. 湖泊沉积物中有机碳稳定同位素测定及其古气候意义[J]. 海洋与湖沼, 1996, 27(4):400-404.

[274]施少华. 中国全新世高温期中的气候突变事件及其对人类的影响[J]. 海洋地质与第四纪地质, 1993, 13(4):65-73.

[275]施雅风, 孔昭宸, 王苏民, 等. 中国全新世大暖期的气候波动与重要事件[J]. 中国科学(B辑), 1992(12):1300-1308.

[276]施雅风, 李吉均, 李炳元, 等. 晚新生代青藏高原的隆升与东亚环境变化[J]. 地理学报, 1999, 54(1):10-21.

[277]施雅风. 中国全新世大暖期气候与环境[M]. 北京:海洋出版社, 1992.

[278]石广玉, 刘玉芝. 地球气候变化的米兰科维奇理论研究进展[J]. 地球科学进展, 2006, 21(3):278-286.

[279]时钟. 长江口细颗粒泥沙过程[J]. 泥沙研究, 2000(6):72-81.

[280]苏育嵩, 李凤岐, 王凤钦. 渤、黄、东海水型分布与水系划分[J]. 海洋学报, 1996, 18(6):1-7.

[281]孙效功，方明，黄伟．黄、东海陆架区悬浮体输运的时空变化规律[J]．海洋与湖沼，2000，31(6)：581-587.

[282]孙有斌，高抒，李军．边缘海陆源物质中环境敏感粒度组分的初步分析[J]．科学通报，2003，48(1)：83-87.

[283]谭嘉铭，袁道先，程海．新仙女木及全新世早中期气候突变事件——贵州茂兰石笋氧同位素记录[J]．中国科学(D辑)，2004，31 (1)：69-74.

[284]汤懋苍，沈志宝，陈有虞．高原季风的平均气温特征[J]．地理学报，1979，34(1)：33-41.

[285]唐珉，杨守业，李保华，等．长江三角洲冰后期沉积物的有机碳氮和有机碳同位素组成与古环境指示[J]．海洋地质与第四纪地质，2006，6(5)：1-10.

[286]田军，汪品先，成鑫荣，等．从相位差探讨更新世东亚季风的驱动机制[J]．中国科学(D辑)，地球科学，2005，35(2)：158-166.

[287]童国榜，石英，吴瑞金．龙感湖地区近3000年以来的植被及其气候定量重建[J]．海洋地质与第四纪地质，1997，17(2)：53-60.

[288]万世明．近2000万年以来东亚季风演化的南海沉积矿物学记录[D]．北京：中国科学院大学，2006.

[289]王冠民．古气候变化对湖相高频旋回泥岩和页岩的沉积控制——以济阳坳陷古近系为例[D]．北京：中国科学院大学，2005.

[290]王国安，韩家懋，周力平．中国北方C3植物碳同位素组成与年均温度关系[J]．中国地质，2002，29(1)：55-57.

[291]王国安，韩家懋．C3植物碳同位素在旱季和雨季中的变化[J]．海洋地质与第四纪地质，2001，21 (4)：43-47.

[292]王国庆，石学法，李从先．长江三角洲晚第四纪沉积地质学研究述评[J]．海洋地质与第四纪地质，2006，26 (6)：131-137.

[293]王辉，郑祥民，王晓勇，等．长江中下游干流河底沉积物环境磁性特征[J]．第四纪研究，2008，28 (4)：640-648.

[294]王建，刘泽纯，姜文英，等．磁化率与粒度、矿物的关系及其环境意义[J]．地理学报，1996，51(2)：155-163.

[295]王建民，施祺，陈发虎，等．末次冰消期以来东亚季风快速变化的黄土记录及与格陵兰GISP2冰芯记录的对比[J]．科学通报，1998，43(9)：1007-1008.

[296]王杰，周尚哲，许刘兵．“8. 2 ka BP冷事件”的研究现状展望[J]．冰川冻土，2005，27(4)：520-527.

[297]王金权，刘金陵．太湖全新世沉积物有机碳同位素的分布及其古气候意

义[J]. 古生物学报, 1996, 35(2):234-240.

[298]王可,郑洪波,郑妍,等. 东海内陆架泥质沉积反映的古环境演化[J]. 海洋地质与第四纪地质, 2008, 28(4):1-10.

[299]王宁练,姚檀栋. 全新世早期强降温事件的古里雅冰芯记录证据[J]. 科学通报, 2002, 47(11):818-824.

[300]王汝建,翦知湣,肖文申,等. 南海第四纪的生源蛋白石记录——与东亚季风、全球冰量和轨道驱动的联系[J]. 中国科学(D辑:地球科学), 2007, 37 (4): 521-533.

[301]王绍武,蔡静宁,朱锦红,等. 中国气候变化的研究[J]. 气候与环境研究, 2002,7(2):137-145.

[302]王绍武, 龚道溢. 全新世几个特征时期的中国气温[J]. 自然科学进展, 2000, 10(4):325-332.

[303]王绍武. 气候系统引论[M]. 北京:气象出版社, 1994.

[304]王顺华, 张国栋, 张纪双, 等. 东海内陆架泥质沉积Rb和Sr的地球化学及其古气候意义[J]. 科技导报, 2007, 25(3):22-27.

[305]王文远, 刘嘉麒, 刘东生, 等. 末次冰消期热带湖光岩玛珥湖古季风变化记录[J]. 地学前缘增刊, 2000(7):197-202.

[306]王心源, 莫多闻, 吴立, 等. 长江下游巢湖9870 cal a BP以来孢粉记录的环境演变[J]. 第四纪研究, 2008, 28(4):649-658.

[307]王张华, Jingpu Paul Liu, 赵宝成. 全新世长江泥沙堆积的时空分布及通量估算[J]. 古地理学报, 2007, 9(4):419-429.

[308]王张华, 陈杰. 全新世海侵对长江口沿海平原新石器遗址分布的影响[J]. 第四纪研究, 2004, 24(5):537-545.

[309]王张华, 丘金波, 冉莉华, 等. 长江三角洲南部地区晚更新世年代地层和海水进退[J]. 海洋地质与第四纪地质, 2004, 24(4):1-8.

[310]温孝胜, 彭子成, 赵焕庭. 中国全新世气候演变研究的进展[J]. 地球科学研究进展, 1999, 14(3):292-298.

[311]吴江滢, 汪永进, 程海, 等. 葫芦洞石笋记录的19. 9~17. 1 ka BP东亚夏季风增强事件[J]. 中国科学(D辑:地球科学), 2009, 39(1):61-69.

[312]吴敬禄, Andreas L, 李世杰, 等. 兴措湖沉积物有机碳及其同位系记录揭示的近代气候与环境[J]. 海洋地质与第四纪地质, 2000, 20(4):374-380.

[313]吴敬禄, 王苏民, 沈吉. 湖泊沉积物有机质$\delta^{13}C$所揭示的环境气候信息[J]. 湖泊科学, 1996, 8(2):113-118.

[314]吴立成，刘苍字，杨蕉文，等．长江河口及其水下三角洲晚第四纪地层和环境变迁[J]．第四纪研究，1996(1)：59-70.

[315]吴文祥，刘东生．4000 a BP前后降温事件与中华文明的诞生[J]．第四纪研究，2001，21(5)：443-451.

[316]吴锡浩，安芷生，王苏民，等．中国全新世气候适宜期东亚夏季风时空变迁[J]．第四纪研究，1994(1)：24-37.

[317]吴莹，张经，张再峰，等．长江悬浮颗粒物中稳定碳、氮同位素的季节分布[J]．海洋与湖沼，2002，33(5)：546-551.

[318]鲜本忠，姜在兴．黄河三角洲地区全新世环境演化及海平面变化[J]．海洋地质与第四纪地质，2005，25(3)：1-7.

[319]向荣，杨作升，郭志刚，等．济州岛西南泥质区粒度组分变化的古环境应用[J]．中国地质大学学报，2005，30(5)：582-588.

[320]肖保华，万国江．泸沽湖沉积物有机质碳同位素组成与气候变迁记录[J]．矿物岩石化学通报，1997，16(1)：21-24.

[321]肖尚斌，李安春，蒋富清，等．近2000a来东海内陆架泥质沉积物地球化学特征[J]．地球化学，2005，34(6)：595-604.

[322]肖尚斌，李安春．东海内陆架泥质区沉积物的环境敏感粒度组分[J]．沉积学报，2005，23(1)：122-129.

[323]肖尚斌，张京穗，陈木宏，等．从陆架泥质沉积中寻找高分辨率的全新世东亚季风记录[J]．三峡大学学报：自然科学版，2007，29(4)：342-347.

[324]徐海，洪业汤，林庆华，等．红原泥炭纤维素氧同位素指示的距今6000a温度变化[J]．科学通报，2002，47(15)：1181-1186.

[325]徐琳．长江口及邻近海域表层沉积物组成和来源研究[D]．青岛：中国海洋大学，2008.

[326]许富祥．中国近海及其邻近海域灾害性海浪的时空分布[J]．海洋学报，1996，18(2)：26-31.

[327]许靖华．太阳、气候、饥荒与民族大迁移[J]．中国科学(D辑)，1998，28(4)：366-384.

[328]许清海，肖举乐，中村俊夫，等．孢粉资料定量重建全新世以来岱海盆地的古气候[J]．海洋地质与第四纪地质，2003，23(4)：99-108.

[329]许世远，邵虚生，陈中原，等．长江三角洲风暴沉积系列研究[J]．中国科学(B辑)，1989(7)：767-773.

[330]许世远，王靖泰，李萍．长江现代三角洲发育过程和砂体特征[M]// 严

钦尚，许世远．长江三角洲现代沉积研究．上海：华东师范大学出版社，1987：258-263．

[331]许世远，严钦尚，陈中原．长江三角洲风暴沉积系列研究[J]．中国科学(B辑)，1989(7)：767-763．

[332]许世远．长江三角洲地区风暴潮沉积研究[M]．北京：科学出版社，1997．

[333]严钦尚，洪雪晴．长江三角洲南部平原全新世海侵问题[J]．海洋学报，1987，9(6)：744-752．

[334]杨世伦．风浪在开敞潮滩短期演变中的作用——以南汇东滩为例[J]．海洋科学，1991(2)：59-64．

[335]杨守业，Jung，李从先，等．黄河、长江与韩国Keum，Yeongsan江沉积物常量元素地球化学特征[J]．地球化学，2004，33(1)：99-105．

[336]杨守业，李从先，李徐生，等．长江下游下蜀黄土化学风化的地球化学研究[J]．地球化学，2001，(4)：402-406．

[337]杨守业，李从先，赵泉鸿，等．长江口冰后期沉积物的元素组成特征[J]．同济大学学报，2000，28(5)：532-536．

[338]杨守业，李从先．长江三角洲晚新生代沉积物有机碳、总氮和碳酸盐组成及古环境意义[J]．地球化学，2006，35(3)：249-256．

[339]杨守业，李从先．长江与黄河沉积元素组成及地质背景[J]．海洋地质与第四纪地质，1999，19(2)：19-26．

[340]杨晓燕，夏正楷，崔之久．第四纪科学与环境考古学[J]．地球科学进展，2005，20 (2)：231-239．

[341]杨作升．黄河、长江、珠江沉积物中黏土矿物的组合、化学特征及其物源区气候的关系[J]．海洋与湖沼．1988，19(4)：336-346．

[342]姚檀栋，Thompson L G．敦德冰芯记录与过去5ka温度变化[J]．中国科学(B辑)，1992，10(10)：1089-1093．

[343]姚檀栋，Thompson L G．，施雅风，等．古里雅冰芯中末次冰期以来气候变化记录研究[J]．中国科学(D辑)，1997，27(5)：447-452．

[344]叶笃正，高由禧．青藏高原气象学[M]．北京：科学出版社，1979．

[345]叶玮，李凤全，沈叶琴，等．良渚文化期自然环境变化与人类文明发展的耦合[J]．浙江师范大学学报：自然科学版，2006，29(4)：455-460．

[346]游海涛．末次冰消期以来二龙湾玛珥湖高分辨率气候记录[D]．长春：吉林大学，2007．

[347]于世永，朱诚，曲维正. 太湖东岸平原中全新世气候转型事件与新石器文化中断[J]. 地理科学，1999，19(6):549-554.

[348]于学峰，周卫健，Lars G，等. 青藏高原东部全新世冬夏季风变化的高分辨率泥炭记录[J]. 中国科学(D辑:地球科学)，2006，36 (2):182-187.

[349]余俊清，王小燕，李军，等. 湖泊沉积有机碳同位素与环境变化的研究进展[J]. 湖泊科学，2001，13 (1) :72-78.

[350]俞伟超. 良渚文化与龙山文化衰变的奥秘[J]. 文物天地，1992(3):9-11.

[351]虞志英. 长江三角洲新构造运动[M]// 陈吉余，沈焕庭，恽才兴，等. 长江河口动力过程和地貌演变. 上海:上海科学技术出版社，1988.

[352]恽才兴. 长江河口近期演变基本规律[M]. 北京:海洋出版社，2004.

[353]张家武. 季风边缘地区全新世高分辨率湖泊与黄土沉积记录研究[D]. 兰州:兰州大学，2001:41-42.

[354]张兰生，方修琦，任国玉. 全球变化[M]. 北京:高等教育出版社，2000.

[355]张美良，程海，林玉石，等. 贵州荔波1. 5万年以来石笋高分辨率古气候环境记录[J]. 地球化学，2004，33(1):65-74.

[356]张丕远. 中国历史气候变化[M]. 济南:山东科学技术出版社，1996.

[357]张瑞虎，刘韬，黎兵. 不同前处理方法和测量时间对泥炭中无机矿物颗粒粒度的影响[J]. 沉积学报，2011，29(2):374-380.

[358]张瑞虎，谢建磊，刘韬，等. 长江口水下三角洲沉积物记录的古环境演化[J]. 海洋地质与第四纪地质，2011，31(1):1-10.

[359]张生，朱诚，张强，等. 太湖地区新石器时代以来文化断层的成因探讨[J]. 南京大学学报:自然科学，2002，38(1):64-73.

[360]张卫国，贾铁飞，陆敏，等. 长江口水下三角洲Y7柱样磁性特征及其影响因素[J]. 第四纪研究，2007，27(6):1063-1071.

[361]张卫国，俞立中，许羽. 环境磁学研究的简介[J]. 地球物理学进展，1995，10(3):95-105.

[362]张卫国，俞立中. 长江口潮滩沉积物的磁学性质及其与粒度的关系[J]. 中国科学(D辑:地球科学)，2002，32(9):783-792.

[363]张玉兰，贾丽，吕炳全. 长江口地区近7000a来的植被、气候演变研究[J]. 海洋通报，2004，23 (3):27-34.

[364]张玉兰. 东海陆缘地区晚第四纪沉积的孢粉及其古环境意义[J]. 海洋地质与第四纪地质，2004，24(3):91-96.

[365]张振克，王苏民，吴瑞金. 全新世中期洱海湖泊沉积记录的环境演化与

西南季风变迁[J]. 科学通报，1998，43(19)：2127-2128.

[366]张振克，吴瑞金，王苏民，等. 全新世大暖期云南洱海环境演化的湖泊沉积记录[J]. 海洋与湖沼，2000，31(2)：210-214.

[367]张志忠. 长江口细颗粒泥沙基本特性研究[J]. 泥沙研究，1996(1)：67-73.

[368]赵宝成，王张华，李晓. 长江三角洲南部平原古河谷充填沉积物特征及古地理意义[J]. 古地理学报，2007，9(2)：217-226.

[369]赵澄林，朱筱敏. 沉积岩石学[M]. 3版. 北京：石油工业出版社，2001：1-407.

[370]赵东波. 常用沉积物粒度分类命名方法探讨[J]. 海洋地质动态，2009，25(8)：41-44，46.

[371]赵济. 中国自然地理[M]. 北京：高等教育出版社，1995.

[372]赵锦慧，王丹，樊宝生，等. 延安地区黄土堆积的地球化学特征与最近13万年东亚夏季风气候的波动[J]. 地球化学，2004，33(5)：495-500.

[373]赵希涛，鲁刚毅，王昭鸿. 江苏建湖庆丰剖面全新世地层及其对环境变迁与海面变化的反映[J]. 中国科学(B辑)，1991，(19):992-999.

[374]赵希涛，唐领余，沈才明，等. 江苏建湖庆丰剖面全新世气候变迁和海面变化[J]. 海洋学报，1994，16(1)：78-88.

[375]赵一阳，韩桂荣，张静，等. 东海沉积物中及稀土元素的若干地球化学特征[J]. 科学通报，1982(22)：1390-1392.

[376]赵一阳，鄢明才. 中国浅海沉积物地球化学[M]. 北京：科学出版社，1994.

[377]赵一阳. 中国海大陆架沉积物地球化学的若干模式[J]. 地质科学，1983(4)：307-314.

[378]赵一阳. 中国浅海沉积物化学元素丰度[J]. 中国科学(B辑)，1993，10(10)：1084-1090.

[379]郑洪波，陈国成，谢昕，等. 南海晚第四纪陆源沉积——粒度组成、动力控制及反映的东亚季风演化[J]. 第四纪研究，2008，28(3)：414-424.

[380]周斌，沈承德，郑洪波，等. 黄土高原中部晚第四纪以来植被演化的元素碳同位素记录[J]. 科学通报，2009，54(9)：1262-1268.

[381]周厚云，郭国章，余素华. 珠江口SX97孔7ka BP以来石英矿物含量反映的气候变化[J]. 热带海洋学报，2001，20(4)：1-5.

[382]周济福，王涛，李家春，等. 径流与潮流对长江口泥沙输运的影响[J]. 水动力学研究与进展(A辑)，1999，14(1)：90-100.

[383]周杰，周卫健，陈惠忠，等. 新仙女木时期东亚夏季风降水不稳定的证

据[J]. 科学通报, 1999, 44(2):205-208.

[384]周卫建, 卢雪峰, 武振坤, 等. 若尔盖高原全新世气候变化的泥炭记录与加速器放射性碳测年[J]. 科学通报, 2001, 46(12):1040-1044.

[385]朱诚, 宋健, 尤坤元, 等. 上海马桥遗址文化断层成因研究[J]. 科学通报, 1996, 41(2):148-152.

[386]朱士光, 王元林, 呼林贵. 历史时期关中地区气候变化的初步研究[J]. 第四纪研究, 1998, 18(1):1-11.

[387]朱书法, 刘丛强, 陶发祥. $\delta^{13}C$方法在土壤有机质研究中的应用[J]. 土壤学报, 2005, 42(3):495-503.

[388]朱晓东. 影响沉积物中有孔虫丰度的生态因素探讨[J]. 南京大学学报, 1993, 29(4):680-689.

[389]朱正杰, 陈敬安, 曾艳, 等. 湖泊沉积物有机质碳同位素研究[J]. 矿物学报(增刊), 2009(1):112-113.

[390]竹淑贞, 陈业裕, 孙永福, 等. 上海地区第四纪地层与古气候[J]. 科学通报, 1980(5):220-223.

[391]竺可桢. 中国近5000年来气候变迁的初步研究[J]. 中国科学, 1973(2):168-189.

致 谢

用了四年多的时间，我终于完成了博士论文，对我而言，确非易事。回想起读博期间的一千多个日日夜夜，多少往事记忆犹新，学习生活中充满了兴奋与痛苦、期待与失望、合作与交流、迷惘与喜悦，这是读博学习期间本人情感的真实写照。读博深造是个人崇高理想的追求，在追梦的过程遇到这样那样的困难那是肯定的，在所难免的，关键是有没有恒心、毅力、勇气和决心去正确地面对，坚持到最后往往就能取得最终的胜利。当然这些只是个人的品质和素养，然而在特定时候外界因素的影响可决定一个人做一件事的成败。我的读博生活并不是一帆风顺的，而是遇到了诸多困难，比如学业上的困惑、思想上的顾虑、情感上的纠葛、工作上的不如意等。能够克服这些困难并最终完成学业，主要得益于我遇到了一群良师益友和知心朋友，是他们的倾力帮助让我看到了胜利的曙光，并坚定信心走完了读博的全过程。对他们的帮助，我在此表示诚挚的感谢。

首先要感谢的是我的导师陈中原教授。博士论文是在陈老师和王张华老师的精心指导下完成的。从论文的选题、野外调查采样、实验数据的分析处理、论文的撰写和修改，直到最后成文，两位老师始终非常关注并且耗费了大量的时间和心血。2007年初次来到华东师大面试，第一次和陈老师谈话，陈老师给我留下了深刻的印象。第一感觉就是陈老师是一个真正搞学问的人，对待科学问题严肃认真，毫不含糊，思维敏捷，语言表达能力极强，是一个充满活力而又平易近人的好导师，能够参与到356课题组的科研应该是我最好的学习机会。后来四年多的学习生活证实了我的第一感觉。每周的例会上，陈老师对学生们尤其是博士生的科研进展非常关心，要求学生对其学习中的存在问题、努力的方向和近远期目标都要有一个明确的认识。在与课题组老师、学生讨论问题时，陈老师总是毫无保留地畅谈自己对问题的认识和感想，有时认识上存在分歧甚至争得面红耳赤，陈老师总是据理力争，列举各种各样的证据包括野外工作中的经验，有些科学问题上的不同认识一时难以达成一致可以保留各自的观点。在与陈老师面对面的交流中，我深刻地体会到一名真正的科学家所应具备的品质：严肃的科学态度，严谨的治学精神，精益求精的工作作风。陈老师经常跟学生单独讨论问题，包括学生的学习心得、读书笔记和科研论文等，常常忙到很晚才下班离开办公室，非常敬业、感人。陈老师除了非常关心学生的学习外，还挂念着学生的生活和思想状况，时不时地给大家发放生活补贴，虽然不是很多，但学生们心里非常感激。一段时期，本人学业上遇到了前所未有的困难，心事重重，精神状态很差。陈老师发现后，立即与我当面倾心交谈，分析问题症结所在，要我放下思想包袱，鼓起勇气，克服眼前困难，并多次要求课题组所有同志帮助我共同走出困境。正是陈老师的细心、耐心、信心和决心支撑着我、鼓励着我、鞭策着我，让我重拾希望，走出了阴影，最终完成了博士论文。我非常感谢有这样一位好导师。

其次我要感谢我的副导师王张华教授。王老师年轻有为，同样继承了陈老师许多优秀的品质，对待工作勤勤恳恳，对待学术严谨刻苦，对待学生非常热情而又耐心。早晨学生到了办公室就已经见到王老师坐在电脑旁工作了，中午也不回家休息，累了就伏在桌子上睡一会儿，然后接着干，王老师给人的感觉就是一个十足的科学迷。除陈老师外，主持每周例会最多的就是王老师了。王老师对学术问题的严肃认真程度丝毫不亚于陈老师，对学生们的学习、工作、论文等方面非常关注。正因为老师们对待学术问题从不含糊，才有科学问题讨论过程中的争辩，这也体现了一种对科学的执着精神。本人的大小论文写完之后，总要请王老师帮忙修改。王老师总是在第一时间赶出来，包括论文的标题、图表、英文翻译、篇章结构，还有一些存在问题都会清楚地标注出来，接着让我再修改，再送给她看，如此往复，她不厌其烦，对待工作的态度和热情让人敬佩。

真心地感谢孙千里老师、李茂田老师和陈静老师对博士论文中实验和论文所提供的帮助和建议。感谢王张华老师、陈静老师在野外采样方面的帮助以及论文方面给予的指导；感谢孙千里老师在同位素测年、有机碳氮测试方面提供的帮助以及论文思路上的指导；感谢河口海岸研究院国家重点实验室张卫国教授对论文中磁化率测试的帮助；感谢河口海岸研究院国家重点实验室吴瑞明老师在粒度分析实验中提供的指导；感谢同济大学杨守业教授对地球化学元素测试以及相关问题的指导；感谢上海市地质调查研究院赵宝成博士、黎兵博士和谢建磊高级工程师在论文样品采集方面提供的帮助以及对相关问题的指点。

感谢上海地质调查研究院在上海市科技委员会的两个项目：海岸带地质环境对城市安全影响监测体系研究（项目编号：09231203300）和上海市后备土地资

源潜力与动态规律研究（项目编号：072112020）对论文工作的资助。

感谢356课题组的所有师兄师姐以及师弟师妹，包括张丹、赵宝成、许庄、王昕、战庆、陈斌、解燕、刘韬、顾家伟、吴晓丹、白祥、袁文浩、尹道卫、董永红、唐晶晶、赵真、刘演、徐皓、韩华琳、庄陈程、马春燕、周园军以及来自美国的Wong Yiyi博士。四年多来，356课题组的兄弟姐妹们在学习和生活上给了我很多的鼓舞、帮助与支持，给我的生活增添了无穷的快乐与美好的回忆，356课题组永远是我们的家。特别感谢董永宏、唐晶晶、赵真、韩华玲、刘演在本论文的实验工作中付出的很多艰辛努力和帮助；感谢许庄、尹道卫、刘韬等对电脑硬件装配与软件使用方面提供的帮助；感谢顾家伟博士对地球化学元素分析方面提供的帮助；感谢战庆、徐皓等对有孔虫实验和相关问题的讨论所提供的帮助；感谢顾家伟、袁文浩、韩华玲等对论文实验数据处理方面提供的帮助；感谢辅导员范安康老师在学习生活上的帮助……

感谢同寝室的袁宇杰、张国玉博士，与你们学习生活在一起，驱散了多少寂寞与烦恼，生活中增加了许多美好的记忆。

感谢我的妻子和儿子，尤其要感谢我的妻子的支持与理解，她是我人生最大的精神支柱！在我遇到困难时，妻子总是不断安抚我受伤的心灵，同时勇挑家庭重担不让我分心，并不断地鼓励着我、激励着我坚持不懈地完成学业。最后，我还要真诚地向我的母亲道歉，鞠躬并且说一声：对不起！我没能让您在有生之年看到儿子博士毕业的喜讯，没能在您生病卧床时全身心地照顾您。我还要感谢我的兄弟姐妹、亲戚朋友对我多年来的关心和照顾，是你们的殷切希望伴随着我走过了人生的辉煌。

感谢所有关心、支持和帮助过我的老师、同学、朋友和兄弟姐妹、亲戚，向你们致以最为诚挚的祝福！

张瑞虎

地理馆　2011.12